과학하는 의사들

개인 맞춤형 의료부터 신약 개발까지,
생명과 과학을 잇는
의사과학자 안내서

과학
하는
의싸들

강민용 지음

위즈덤하우스

환자로부터 시작된 질문이 과학적 연구로 이어지고,
이를 다시 환자의 진단과 치료에 적용하는 중개연구의
매력이야말로 내가 의사과학자의 길을 포기하지 않고
걸어갈 수 있는 원동력이자 이유일 것이다.
인생에서 가장 두렵고 힘든 시기에 연구를 위해
본인의 조직과 혈액을 기꺼이 기탁해주신
모든 환자께 이 책을 바친다.

차례

책머리에

몇 년 전 한국연구재단이 주최한 토요과학강연회에서 '중개의학과 임상을 병행하는 의사과학자'라는 당시로선 일반인들에게 다소 생소한 주제로 강연을 했다. 청중으로 참석한 편집자 분이 메일을 보내 의사과학자에 대한 책을 출판해보면 어떻겠냐고 제안해왔는데, 글을 쓸 시간이 태부족한 것은 차치하더라도 중개의학이나 의사과학자라는 개념 자체가 대중에게는 거의 알려져 있지 않았고, 의료계 내에서도 환자를 보는 임상의사가 아닌 기초연구를 하는 의사에 대한 관심도가 적었기 때문에 여러 번 고사했다. 몇 차례 거듭되는 설득과 책의 취지를 듣고 나서, 의사들 중에서도 환자를 보고 수술하는 것만이 아닌 과학을 병행하는 이가 있음을 보여주고, 왜 이런 의사들이 우리 사회에 필요한지, 먼 미래를 보고 이들을 키워야 하는 이유 등을 풀어내고 싶어졌다. 바쁜 업무 틈틈이 퇴근 후나

주말을 이용하여 원고를 집필해나갔고, 중개의학이 무엇인지, 의과학이 무엇인지, 의사과학자, 특히 임상을 병행하는 임상 의사과학자가 무엇인지, 어떤 일을 하고 있는지를 정리했다.

그러던 중 국내 주요 의과대학과 정부, 국회를 중심으로 의사과학자 육성의 필요성이 국가적 어젠다로 떠올랐다. 한 예로, 그동안 보건복지부 중심으로 진행되어왔던 의사과학자 양성 프로그램을 과학기술정보통신부에서도 제안했고, 2023년 3월 전국적으로 혁신형 미래의료연구센터 여섯 곳을 선정해 4년간 총 460억 원 규모의 연구비를 지원한다. 서울 권역에서는 삼성 서울병원이 유일하게 선정되었는데, 이곳이 보유한 대규모 임상 자료 및 유전체 빅데이터를 활용한 인공지능 기반 디지털 치료제와 같은 혁신적 신의료기술, 치료 약제 개발 등을 연구의 목표로 하고 있다. 이를 위해 의사과학자가 안정적으로 연구할 수 있는 환경을 제도적으로 마련하고자 주당 16시간 이상의 연구 시간을 보장하고, 의사과학자를 위한 전용 실험실 공간 확보 및 기초연구자와의 협업 지원, 창업 컨설팅 등을 전폭적으로 뒷받침하는 파격적인 시도를 하게 된다.

최근에는 국내 대표 연구기관인 KAIST와 포스텍을 중심으로 전문적인 공학 지식을 갖춘 의사과학자를 양성하는 과학기술의학전문대학원(과기의전원) 설립이라는 새로운 화두가 사회적으로 큰 이슈가 되고 있다. 우리나라는 한 해에 의과대학 졸업생을 3300명가량 배출하는데, 이들 중 약 1퍼센트인 30명 정도만이 기초의학 연구의 길을 걷는다. 임상 현장에서 기초연구를 병행하는 의사과학자 수를 합하더라도 미국과 같은 바이오 강국에 비해 턱없이 부족한 실정이다.

사실 의사과학자라는 개념이 잘 정립되지 않았고 이학 또는 공학박사 학위가 없었을 뿐, 의료계에서 임상과 기초연구를 병행하며 의사과학자로서의 역할을 하는 의사들은 존재해왔다. 다만 매우 적은 수의 의사가 개인의 관심과 헌신으로 지탱해오다 보니, 현실적인 이유(연구 시간, 연구비 등의 부족)로 다시 임상에만 집중하게 되거나, 개인의 연구 성과로 끝나고 후학으로의 연계가 잘 이루어지지 않는 등의 문제가 있었다. 우리 사회가 점차 발전하여 선진국 대열에 들어서고, 임상의학 분야가 세계 최고 수준으로 올라서면서 자연스레 관심은 바이오 의료 분야의 첨병 역할을 할 의사과학자로 넘어오게되었다. 처음 집필을 시작했던 당시와는 사뭇 다른 분위기로, 의사과학자 육성의 필요성이 사회적 담론으로 떠오르고 있는 지금, 이 책을 통해 일반 대중이 의사과학자를 보다 깊이 이해하는 계기가 되기를 희망한다.

《과학하는 의사들》에서는 나를 포함해 임상의사이면서 의과학 연구를 열정적으로 해내고 있는 의사과학자들의 사례를 소개한다. 그와 함께 의과학 연구를 실제 환자에게 적용하여 성공한 사례를 살펴봄으로써, 임상과 밀접하게 연계된 의과학이 어떤 학문인지, 의과학 연구의 첨병 역할을 하는 의사과학자가 하는 일은 무엇인지 알리고자 한다. 이를 통해 더 많은 사람이 현장에서 고군분투하는 의사과학자들의 노력과 고충을 조금이나마 이해할 수 있기를 바란다. 나아가 이 책을 읽는 미래의 의학도들이 의사과학자라는 비전을 갖고, 그 꿈을 실현하기 위해 열심히 달려가는 계기가 되었으면 한다. 짧은 역사에도 불구하고 비약적으로 발전한 우리나라 임상의학의 수준만큼, 가까운 미래에 의과학 분야 또한 그에 걸맞은 발전을 이루어가는 데 이 책이 작은 불씨가 되기를 소망한다.

내가 의사과학자라는 비전을 갖고, 전국에서 수많은 환자가 몰려오는 삼성서울병원에서 진료하면서, 동시에 기초 중개 연구를 병행할 수 있었던 것은 나 혼자의 힘으로는 불가능한 일이었다. 한 사람의 의사과학자가 되는 과정에서 실력 있는 임상의사로 올바르게 성장하도록 지도해주신 서울대학교 의학대학 은사님들, 그리고 생명과학자의 눈으로 과학하는 힘을 길러주신 한용만 교수님을 비롯한 KAIST 의과학대학원 은사님들께 감사드린다.

젊은 교수가 본인의 연구 주제를 가지고, 자신만의 팀을 꾸리고 독자적인 연구를 하는 것이 우리 사회, 특히 의사 사회에서는 아직 낯선 문화인 것이 사실이다. 신진 연구자에 불과한 내가 자유롭게 연구할 수 있도록, 통제와 간섭이 아닌 전폭적인 지원과 격려를 아끼지 않은 삼성서울병원 비뇨의학과 선배, 동료 교수님 들에게 감사드린다. 또한 내가 유전체 연구를 시작하게 된 계기이자, 난관에 부딪힐 때마다 조언과 실질적 지원을 아끼지 않고 멘토의 역할을 해주고 계신 선배 의사과학자인 삼성유전체연구소 박웅양 소장님께 진심으로 감사드린다. 의사과학자인 나와 함께 질환의 기전을 밝혀내고, 오랜 신뢰를 바탕으로 새로운 치료제 개발 연구를 기꺼이 함께하고 있는 기초 분야 공동연구자 교수님들과 우리 연구실(중개 유전체 및 생명정보학 연구실) 식구들, 그리고 삼성유전체연구소 싱글셀유전체랩 소속 연구원들에게도 감사함을 전하고 싶다.

한편, 삼성서울병원은 삼성생명과학연구소로 출발한 연구 조직을 2016년 미래의학연구원이라는 연구소로 새롭게 개관하고 유전체 연구소와 세포유전자치료 연구소를 비롯한 정밀의학혁신 연구소, 스마트헬스케어 연구소 등 체계적인 연구개발 플랫폼을 구축해왔다. 또한 2013년 보건복지부에서 지원하는 대형 국책 사업인 연구 중심 병원에 지정된 이후 암, 유전체, 줄기세포, 디지털 치료제 등 다양한 주제의 사업 유닛에 지속적으로 선정되면서 환자를 중심으로 한 연구 개발 환경을 정착시키기 위한 노력을 지속했다. 시작부터 마음껏 연구에 몰입하기에 부족함이 없는 환경에서 나만의 독자적인 팀을 꾸리고 다양한 연구를 할 수 있었으니 감사할 따름이다.

외래 진료와 수술 일정으로도 눈코 뜰 새 없이 바쁜 와중에 연구한답시고 동분서주하는 나를 전적으로 믿고 지원해주는 가족에게도 감사를 전한다. 가족들의 이해와 헌신 없이는 불가능한 일이라 생각한다. 마지막으로 본인의 질환, 특히 일생에서 가장 힘든 순간일지 모를 상황임에도 불구하고, 더 많은 환자에게 도움을 줄 수 있는 공공의 이익을 위하여 본인의 조직과 혈액을 연구에 활용하도록 기꺼이 기탁해주신 내가 만난 모든 환자분에게 무한한 감사를 드린다.

2023년 12월

강민용

1부

의사과학자란
무엇인가

1장

의학과 과학의 만남

2018년 10월 1일, 스웨덴 카롤린스카 의과대학 산하 노벨위원회는 미국 텍사스 주립대 제임스 앨리슨 교수와 일본 교토대 혼조 다스쿠 교수를 2018년 노벨 생리의학상 수상자로 공동 선정했다고 발표했다. 노벨위원회는 "음성적 면역조절 기능(negative immune regulation)의 억제를 통한 새로운 암 치료법 발견"의 공로를 수상 이유로 밝혔다. 두 교수의 노벨 생리의학상 수상은 기초실험실의 연구 결과가 실제 암 환자 치료의 획기적인 변화로 이어진 의과학(medical science) 분야의 대표적 성공 사례로 회자된다.

　일반인에게는 다소 생소할 수 있는 의과학은 사람의 질병을 다루는 의학(medicine)과 기초과학에 해당하는 생명과학

19

(biological science)이 합쳐진 분야다. 환자를 낫게 하기 위한 약물, 새로운 치료법, 의료 기기 등을 개발하는 임상의학 분야도 넓게 보면 의과학의 테두리 안에 있다. 그러나 통상적으로 의과학은 임상의학보다는 생명과학에서 사용하는 기초실험 기법을 활용하여 인체의 다양한 현상과 질병을 연구하는 기초의학 분야에 좀 더 가깝다. 즉, 의과대학을 졸업한 의사를 해부학, 생리학, 생화학, 미생물학, 면역학과 같은 기초의학 분야로 가는 기초 의사와 내과학, 외과학 산부인과학, 소아과학, 비뇨의학 등의 임상의학 분야로 가는 임상의사로 나눌 때, 전자가 좁은 의미의 의과학에 가깝다고 하겠다. 좀 더 쉽게 말해 환자를 직접 보고, 진단 및 치료하는 임상의사와, 환자를 보지 않고 인체의 다양한 기능 및 병에 대해 연구를 하는 기초의학자로 나눌 수 있는데, 기초의학자들이 하는 일이 통상적인 '의과학'이다.

하지만 1990년대 이후 유전자 클로닝, 세포 내 발현 조절, 중합 효소 연쇄반응 등 분자생물학 기법의 폭발적인 성장과 2000년대 이후의 차세대 염기서열 분석법(Next generation sequencing, NGS) 개발 등으로 인해 임상의학 분야의 진단 및 치료 영역에까지 최신 생명과학 분석 기법이 도입되었다. 이에 따라 생명과학자나 기초의학자뿐 아니라 임상의사들도 환자의 질병에 대한 연구를 위해 생명과학을 접목하는 것이 하나의 흐름으로 자리 잡았다. 이처럼 환자의 진료에서 치료, 죽음에 이르는 전 과정을 아우르는 임상의사가 질병의 원인 탐색과 치료를 위해 생명과학의 미시적 관점에서 인체 내 여러 현상을 바라보게 되었다. 이를 통해 임상적 활용 가능성이 보다 높은 기초연구를 할 수 있는 새로운 관점에서 의과학 개념이 제시되었다. 그리고 의사 면허 소지자로서 환자를 진료하고 해당 분야의 질병을 진단 및 치료하는 역할을 하는 동시에 관련 분야의 과학기술에 전문성을 가지고 기초연구(basic research) 또는 중개연구(translational research)를 해나가는 의사를 '임상의과학자(clinical scientist)' 또는 '의사과학자(physician scientist)'로 새로이 정의하려는 움직임이 점차 커졌다. 좀 더 단순화하여 이야기하자면, 시간제(part time)가 아닌 '전일제(full time) 대학원 학위 과정(Ph.D.)을 이수한 임상의사(M.D.)인 M.D.-Ph.D.'를 의미한다고 할 수 있다.

임상의과학은 의과학 분야 내에서도 가장 실용적이면서 환자에게 직접 적용 가능한 기초연구를 추구한다는 측면에서 학문적 가치가 매우 높다. 또한 최근의 임상시험(clinical trial)은 신약의 효과를 평가하는 동시에 과학기술을 접목하여 신약의 반응성을 예측하는 바이오마커(biomarker, 체내에 존재하는 DNA, RNA 또는 단백질 등을 이용하여 병의 발생, 재발, 진행 상태 또는 치료에 대한 반응 등을 객관적으로 측정할 수 있는 표지자) 개발을 동시에 수행하는 사례가 점차 늘고 있다. 그런데 해당 질환에 대한 임상적 지식만으로는 융합적 임상시험을 설계하고 수행하는 데 한계가 있기 때문에 의사과학자의 역할이 중요하다. 그뿐 아니라 분자생물학적 발견에 기반한 표적 치료제와 면역 항암제의 개발 이후 암 치료 패러다임이 획기적으로 변화한 것에서 알 수 있듯이 의과학, 특히 임상의과학의 중요성은 아무리 강조해도 지나치지 않을 것이다.

2014년 미국 국립보건원(National Institutes of Health, NIH)의 보고에 따르면, 지난 25년간 노벨 생리의학상 수상자의 약 40퍼센트가 의사과학자들이었다. 미국의 노벨상으로 불리며, 노벨 생리의학상 수상의 관문으로 여겨지는 래스커상(Lasker Award) 역시 약 50퍼센트의 수상자가 의사과학자 출신이라고 한다. 그 밖에도 미국 NIH 기관장의 70퍼센트, 미국 국립과학원의 의생명과학 분야의 60퍼센트, 상위 10개 제약 회사의 대표과학책임자(CSO)의 70퍼센트가 의사과학자 출신이다. 바이오 분야 전반에서 의사과학자의 역할이 얼마나 중요한지를 말해주는 잣대라 할 수 있다.

성장 초기 단계에 있는 임상의과학 분야의 현실

우리나라의 임상의학은 최근 비약적으로 발전했다. 2019년 보건복지부의 발표에 따르면 국내 암 환자의 생존율은 2014년 처음으로 70퍼센트를 넘어섰다. 2010~2014년 암 환자의 생존율은 70.3퍼센트다. 이는 미국(69.2퍼센트), 캐나다(60.0퍼센트), 일본(62.1퍼센트) 등 주요 선진국보다 10퍼센트가량 높은 수준이다. 또한 5년 순생존율로 본 우리나라의 암 진료 수준은 대장암 71.8퍼센트, 직장암 71.1퍼센트, 위암 68.9퍼센트로 OECD 회원국 중 가장 우수한 수준이다.

2022년 9월 미국 시사주간지 《뉴스위크(Newsweek)》가 발표한 '2023년 전문 분야별 세계 최고 병원'에서는, 11개 임상 분야 중 암(oncology) 분야에서 국내 병원 여섯 곳이 상위 50위권에 들었다. 그중 삼성서울병원이 6위, 서울아산병원이 7위, 서울대학교병원이 15위에 올랐다. 한편, 역대 처음으로 추가된 비뇨의학(urology) 분야에서는 서울아산병원, 삼성서울병원, 서울대학교병원이 각각 4, 5, 6위로 세계 10위권에 나란히 오르는 우수한 성적을 거뒀다. 나아가 2023년 2월 발표된 '세계 최고의 병원(World's Best Hospitals)'에 서울아산병원이 29위, 삼성서울병원이 40위, 서울대학교병원이 49위로 세계 최고의 병원 50위 안에 국내 병원 세 곳이 포함되었다. 이는 미국, 독일에 이어 세 번째에 해당하는 수치로, 국내 의료진과 병원의 실력이 세계적으로 인정받는 수준에 올라섰음을 시사한다.

하지만 환자의 진단 및 치료를 담당하는 임상의학이 아닌 의과학 분야로 오면 이야기가 달라진다. 특히 임상적 관점을 견지한 의사과학자가 주도하는 의과학 분야의 연구는 임상 수준에 비하면 여전히 걸음마 단계다. 이는 개인의 역량이나 의지의 문제라기보다는 제도와 문화에서 비롯된 것이다. 하버드 의대 부속병원인 매사추세츠 종합병원(Massachusetts General Hospital, MGH), 메이요 클리닉, MD 앤더슨, 메모리얼 슬론 케터링 암센터(Memorial Sloan Kettering Cancer Center, MSKCC) 등 미국의 유수 병원에서는 실력 있는 의료진이 환자의 진료뿐 아니라 의과학 연구를 병행하는 것이 너무나 자연스럽게 받아들여진다. 반면 우리나라에서는 임상의사가 환자의 진료를 담당하는 동시에 의과학 분야의 연구를 병행하려면 개인의 헌신이 뒤따른다. 일례로 미국의 경우, 3차 의료기관급(또는 대학병원급)에 종사하는 의사라도 하루에 외래 환자를 20명 내외로 보는데, 우리나라는 빅5급 대규모 병원에 종사하는 의사가 하루에 소화해야 하는 외래 환자 수가 100명을 훌쩍 넘는다. 이렇게 임상에 대한 업무 부담에서 큰 차이를 보인다.

우리나라의 의료 전달 체계에서는 동네 의원급이나 보건소 등을 1차 의료기관, 100~500병상 미만의 지역 종합병원급을

3차 의료기관 —— 중증 질환 ——— 상급 종합병원

↑

2차 의료기관 ——— 병원·치과병원·한방병원·종합병원

↑

1차 의료기관 —— 경증 질환 — 의원·치과의원·한의원·보건소

그림 1-1 우리나라 의료기관의 체계.

2차 의료기관, 500병상을 초과하며 중증 질환을 담당하는 상급 종합병원(흔히 말하는 대학병원급)을 3차 의료기관으로 구분하고 있다. 1~2차 의료기관은 일종의 문지기(gate keeper)로, 지역 사회에서 환자를 진단, 검사, 건강 상담 및 치료하는 주치의 역할을 한다. 그리고 난치성 또는 중증 질환이 의심될 경우 3차 의료기관인 상급 종합병원으로의 의뢰를 담당한다. 최근에는 국내 빅5병원으로 불리는 삼성서울병원, 서울대학교병원, 서울성모병원, 서울아산병원, 세브란스병원(가나다순) 등 대형 상급 종합병원을 중심으로 희귀, 난치성 질환 및 중증 질환에 더욱 특화되고, 연구 및 교육 기능을 보다 강화한 4차 의료기관에 대한 필요성을 지속적으로 제기하고 있다.

　일본만 하더라도 대학병원에 근무하는 임상의사가 기초연

1장 의학과 과학의 만남

구실에서 전문적인 훈련을 받고, 2~3년간 박사후연구원을 마친 다음, 기초연구를 지속적으로 병행하는 것이 하나의 시스템으로 자리 잡혀 있다.

그럼에도 국내 임상의사들은 수많은 시행착오를 겪으며 열정과 사명감으로 척박한 의과학 연구 현장에서도 고무적인 결과를 끊임없이 내고 있다. 정부와 대학병원들에서 의사과학자 육성의 필요성을 인지하고 동시에 이를 제도화하려는 움직임이 조금씩 일고 있다는 점에서 우리에게도 희망의 불빛이 보이는 듯하다. 보건복지부와 한국보건산업진흥원이 2019년부터 추진하고 있는 '융합형 의사과학자 양성 사업'이 대표적 사례다. 이 사업은 임상의사에게 기초의과학, 자연과학, 공학 분야 등 바이오 융·복합 연구 활동 및 학위 과정을 지원하기 위한 목적으로 수립되었다. 2019년 전공의 대상의 시범 사업을 시작으로, 2020년에는 전일제 박사 과정, 2022년 의과학자 학부 과정을 추가 지원함으로써 전 주기적 양성 체계로 점차 발전하고 있는 추세다.

점차 중개연구 또는 융합 연구가 활성화됨에 따라 의과학 분야 및 의과학자(또는 의사과학자)의 정의도 모호해지고 있다. 즉, 분야 간 경계가 확장되면서 보다 광범위한 측면에서 기초과학을 전공하는 의사, 임상을 병행하면서 기초과학을 연구하는 의사, 임상의학 중에서도 공학을 접목한 연구를 하는 의사를 아울러 의과학자로 일컫고 있다. 다만 임상을 병행하는 의사과학자의 경우 미국 등의 사례를 볼 때, 임상보다는 기초연구 분야에 더 많은 시간을 할애하는 방향으로 나아가는 게 바람직할 것이다.

성큼 다가온 개인별 유전자 검사에 기반한 정밀의료

2013년 영화배우 앤젤리나 졸리가 양쪽 유방을 절제하는 수술을 받았다. 2015년에는 난소 절제술까지 받은 것으로 알려졌다. 앤젤리나 졸리는 《뉴욕타임스》에 보낸 기고문에서 "외할머니, 어머니, 이모가 유방암, 난소암 등으로 사망한 가족력이 있으며, 이에 따라 *BRCA1* 유전자 검사를 받은 결과 돌연변이가 발견되었고, 평생 90퍼센트 이상의 유방암 발병 가능성이 있다는 소견을 들은 후에, 예방적으로 양측 유방 절제술을 받았다"고 밝혔다. 앤젤리나 졸리의 사연이 알려지자 2013년 당시 미국 내 *BRCA* 유전자 돌연변이 검사 건수가 두 배 이상 증가했다. 유명인의 자살이 일반인에게 영향을 미치는 베르테르 효과처럼 '앤젤리나 효과'가 사회적으로 큰 반향을 일으켰다.

이처럼 유전자 검사를 통해 특정 암의 발병을 예측하고 치

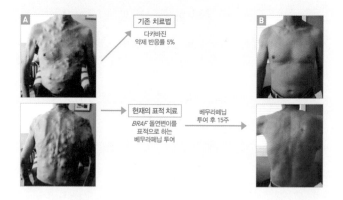

BRAF 유전자 돌연변이가 있는 38세 흑색종 환자

기존 치료법
다카바진
약제 반응률 5%

현재의 표적 치료
BRAF 돌연변이를
표적으로 하는
베무라페닙 투여

베무라페닙
투여 후 15주

그림 1-2 *BRAF* 유전자 돌연변이가 있는 38세 흑색종(melanoma) 환자의 사진. A는 피부에 산재한 흑색종 병변을 보여준다. 기존 치료법에 해당하는 다카바진은 통상적으로 약제 반응률(response rate)이 5퍼센트 정도 기대되었으나, *BRAF* 돌연변이가 진단된 해당 환자에서 현재의 표적 치료를 실시한 결과 *BRAF* 돌연변이를 표적으로 하는 베무라페닙 투여 후 15주가 지난 뒤 피부에 산재한 흑색종 병변이 B와 같이 대부분 사라진 것을 알 수 있다.

료의 방침을 결정하는 정밀의료(precision medicine)에 관심이 점차 쏠리는 추세다. 2008년 차세대 염기서열 분석법 도입 이후 유전자 검사 비용도 급속도로 낮아지고 있다. 분석 속도 또한 매우 빨라져, 실제 임상에서 활용도 역시 커졌다.

한편, 세계 최고의 저널 중 하나인 미국 《임상종양학회지(Journal of Clinical Oncology)》에 2011년, 정밀의료 적용의 대표적 사례를 알리는 논문이 실렸다. 주인공은 38세 남성으로 전이성 흑색종 진단을 받았다. 당시 전이성 흑색종에는 통상적으로 다카바진(dacarbazine)이라는 항암제를 사용했는데, 약제 반응률이 5퍼센트에 불과할 정도로 치료 성적이 절망적이었다. 하지만 이 환자에게 유전자 검사를 시행한 결과 *BRAF* 유전자의 돌연변이가 발견됨에 따라 기존 항암제 대신 RAF 억제제인 베무라페닙(vemurafenib)을 사용했는데, 15주 후 전신의 암이 깨끗하게 사라지는 놀라운 결과를 보였다. 유전자 검사에 기반한 환자 맞춤형 표적 치료 적용의 신호탄이 된 중요한 연구 성과였다.

내가 주로 진료를 담당하는 전립선암에서도 몇 년 전까지만 하더라도 유전자 검사의 필요성이 거의 이야기되지 않았다. 즉, 전이성 전립선암에는 60년 넘게 지속되어온 남성호르몬 차단 요법 외에는 마땅한 치료법이 없었기 때문이다.

하지만 최근 유전체 연구의 발달로 전이성 전립선암의 12퍼센트 정도에서 *BRCA1*, *BRCA2*, *ATM* 유전자와 같은 DNA 복구 유전자(DNA repair gene) 결함이 관찰되었다. 전이성 전립선암 중에서도 병이 가장 진행된 상태인 거세저항성 전립선암(castration resistant prostate cancer, CRPC)에서는 25퍼센트 정도에서 DNA 복구 유전자 결함이 관찰되었다. 이러한 DNA 복구 유전자 중 특히 상동 재조합 복구(Homologous recombination repair, HRR) 유전자 결함이 관찰된 치료 경험이 있는 전이성 거세저항성 전립선암 환자에서 PARP 억제제(DNA 복구 유전자 결함이 있는 암세포의 사멸을 선택적으로 유도함)인 올라파립 (Olaparib, 린파자)의 효과를 기존의 표준 치료군[엔잘루타마이 드(Ezalutamide, 엑스탄디) 또는 아비라테론 아세테이트(Abiraterone acetate, 자이티가)와 같은 차세대 남성호르몬 차단 약제]과 비교한 3상 임상 연구(PROfound 연구) 결과가 최근 2020년 의학 분야 세계 최고 권위지인 《뉴잉글랜드저널오브메디신(The New England Journal of Medicine, NEJM)》에 발표되었다. 그에 따르면 약 30퍼센트의 환자에서 *BRCA1, BRCA2, ATM, CHEK1, CHEK2*와 같은 상동 재조합 복구 유전자의 결함이 관찰되었고, 이들 환자에서 올라파립이 표준 치료군에 비해 생존율의 유의한 개선 효과가 확인되었다.

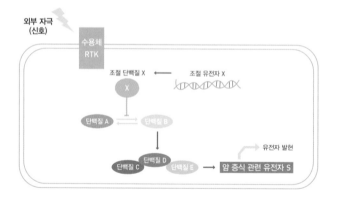

그림 1-3 세포 내 신호전달경로.

한편, PI3K 신호전달경로의 핵심 역할을 하는 *PTEN* 유전자는 국소 전립선암 환자의 약 17퍼센트에서 유전자 결함 또는 돌연변이가 관찰되는 반면, 전이성 거세저항성 전립선암과 같이 매우 진행된 환자에서는 40퍼센트 정도에서 *PTEN*의 결함이 관찰되었다. 이러한 연구 결과에 기반하여 전이성 거세저항성 전립선암 환자에서 PI3K 경로 중 *PTEN*에 의해 활성조절이 되는 *AKT* 유전자를 억제하는 이파타서팁(ipatasertib)과 기존 치료 약제인 아비라테론 아세테이트의 병합요법의 효과를 입증하기 위한 IPATential150 연구가 2021년 의학 잡지 《란셋(Lancet)》에 발표되었다. 특히 47퍼센트 환자에서 *PTEN* 유전자 결실이 확인되었고, 전체 환자군에서는 병합요법의 효과가 위약군과 큰 차이를 보이지 않은 반면, *PTEN* 결실이 유전자 검사에서 확인된 환자에서는 병합요법에 의한 무진행 생존율(환자가 특정 치료를 받은 후 암의 크기가 증가하거나 새로운 병변이 발생하는 등 치료에 대한 저항성이 생기지 않은 상태로 생존하는 기간) 개선 효과가 유의하게 관찰되는 매우 흥미로운 결과가 보고되었다.

전이성 전립선암 치료에 유전자 검사 기반 선택적 표적 치료와 같은 정밀의료를 적용하는 일은 먼 미래에나 가능할 것으로 생각해왔다. 그러나 일련의 고무적인 연구 성과의 결과, 최근 전립선암 국제 진료 가이드라인은 전이성 전립선암 환자에서 DNA 복구 유전자를 포함한 유전자 검사를 적극 권고하고 있다. 유전자 검사는 이제 진단 및 치료에서 의사의 결정에 영향을 주는 매우 중요한 도구가 되었다. 아직까지는 희귀 질환이나 전이암과 같은 매우 제한된 영역에서 시도되고 있지만, 조만간 개인별 유전자 검사에 기반한 정밀의료가 임상 현장 전반에 적용되는 시대가 올 것이다.

2장

파이펫을 잡은
임상의사들

나는 학부 때 엄청나게 방대한 교과 내용을 단시간에 습득하고 암기해야 하는 의대 공부에 어려움을 많이 겪었다. 어떤 원리나 개념을 무작정 외우는 것이 힘들었고, 반드시 교과서를 읽고 이해를 해야만 직성이 풀렸다. 그래서인지 '족보(선배들이 대대로 기출 문제를 정리해둔 사례집)' 위주의 공부를 효율적으로 잘하지 못해 원하는 성적을 내기가 어려웠다. 의대 공부가 적성에 안 맞는 것 같아 진로를 바꿀까도 심각하게 고민했다. 역사와 고고학에 관심이 많아 의대를 관두고 역사학과로 편입할까 진지하게 고민할 정도였다.

그러나 어렵게 졸업하고, 의사고시에 합격한 후, 인턴 생활을 시작하면서 경험한 임상은 완전히 다른 세계였다. 단순 암기 위주의 학습 능력은 큰 도움이 되지 않았고, 내과학이나 외과학 교과서에서 익혔던 개념적인 내용이 실전에서 훨씬 큰 힘을 발휘했다. 비뇨의학과 전공의가 되면서 신장, 전립선, 방광 등 보다 전문적인 분야를 공부하고 경험하게 되었다. 임상에서 경험한 다양한 환자의 진단 및 치료 내용을 정리해나가면서 의대 시절에는 경험하지 못했던 의학의 매력에 뒤늦게 푹 빠져들었다.

특히 은사이신 서울대학교 의과대학 김현회 교수님은 늘 외래와 수술실에서 '왜?'라는 질문을 끊임없이 하셨다. 그리고 병에 대해 단순히 가이드라인을 따른 진단과 치료를 넘어서 '기전(mechanism)'을 이해하는 방식으로 가르치셨다. 그뿐 아니라 기초실험실을 활발히 운영하면서 전공의들이 원할 경우 세포실험이나 동물실험에 일부 참여할 수 있도록 배려해주셨다. 또 연구 아이디어가 있을 경우 언제든지 제안해서 진행해보도록 독려하셨다. 이 과정을 거치며 임상의사로서 기초연구를 병행하는 것에 눈길이 가기 시작했다.

기초연구에 막연한 관심을 가지고 있던 중, 전공의 4년 차에 '서울대학교병원 우수 전공의'에 선발되어 미국 존스홉킨스 병원(Johns Hopkins Hospital)에 한 달간 단기 연수를 다녀오게 되었다. 그곳에서 임상 위주의 우리나라 의료 시스템과는 달리, 임상은 본인이 원하는 바에 따라 유연하게 조정하되 생리학, 의공학, 종양학 등 각자의 임상 전문성에 연계된 다양한 기초연구를 활발하게 수행하는 의사과학자들을 직접 목도할 수 있었다. 특히 질병을 이해하고 치료하는 데 기초 생물학적 관점을 끊임없이 접목하려는 태도가 인상적이었다. 연구 미팅에서 풍부한 임상 경험을 바탕으로 질환에 대한 깊이 있는 식견을 분자생물학자나 공학자와 함께 나누던 교수들의 모습은 매우 강렬한 기억으로 남았다. '이것이 세계 최고 수준의 존스홉킨스 병원을 이끄는 힘이구나'라는 생각을 하게 되었다.

당시 홍보 전단을 통해 KAIST(한국과학기술원) 의과학대학원의 존재를 알고 있었지만, 설립된 지 4년밖에 되지 않은 프로그램이라는 점(졸업생 배출조차 안 되었던 시기다)이 마음에 걸렸다. 그리고 군의관 또는 공보의라는 메인 스트림에서 벗어난 새로운 길일 뿐 아니라, 군의관 3년보다 1년이 더 긴 최소 4년의 의무 복무 기간을 마쳐야 한다는 점 때문에 큰 관심을 두지 않았다. 하지만 존스홉킨스 병원에서 의사과학자의 롤 모델을 경험하고 귀국해서는 의과학대학원 진학을 진지하게 고민하게 되었다.

망설이다 은사이신 김현회 교수님께 말씀드렸는데, 교수님의 단 한마디가 의과학대학원을 선택하는 데 결정적 계기가 되었다. 이런저런 걱정을 조용히 들어주시더니 이렇게 말씀하

셨다. "강 선생, 뭘 고민해? 내가 강 선생 나이였으면 일말의 고민 없이 KAIST 의과학대학원 진학을 선택했을 거야. 지금 나이에는 뭐든 시도해볼 수 있고, 도전해볼 수 있다는 게 행복한 거야." 그 이후 더 이상의 고민 없이 지원서를 내게 되었다. 비뇨의학과 출신으로 첫 번째라는 타이틀에 도전할 용기를 주셨고, 지금까지도 가장 큰 격려와 응원을 해주고 계신 은사님께 다시 한번 감사의 마음을 전한다.

우리나라 의사과학자 양성의 현주소

2006년 3월, 우리나라를 대표하는 이공계 특성화 대학인 KAIST에 임상의학 분야 전공의 수련을 마치고 전문의를 취득한 의사들이 박사 과정을 밟기 위해 입학했다. 국내 최초로 임상의사(M.D.)를 위한 이학박사·공학박사(Ph.D.) 프로그램을 도입해 세계적 수준의 의과학자를 전문적으로 육성하기 위한 일종의 모험과도 같은 긴 여정에 함께하는 순간이었다.

임상의사들은 주로 본인이 소속된 임상의학교실에서 파트타임의 의학박사 코스를 통해 박사 학위를 취득한다. 파트타임은 일종의 주경야독이라고 보면 되는데, 주업이 있는 상황에서 업무 시간 외에 강의를 듣고 시험을 치르며 학점 이수

과정을 거치고, 학위 논문을 위한 연구(대개는 실험 연구)를 수행하게 된다. 본업이 있다 보니 실험을 하더라도 일이 끝난 뒤나 주말을 이용할 수밖에 없어 연구에 몰입하기가 어려운 게 사실이다. 특히 박사 학위 취득을 위한 기초실험을 수행하기가 어렵다. 분자생물학 실험 워크숍에 단기간 참여하거나, 스스로 책을 읽고 방법을 익히거나, 실험실 연구원들에게 주먹구구식으로 실험 기법을 배우는 등, 체계적인 훈련과는 거리가 멀다. 대학교 교수로 발령을 받게 될 경우, 1~2년간의 해외 장기 연수 기간 동안 기초실험을 배울 기회가 있긴 하다. 하지만 이 또한 박사 학위처럼 전문적이고 체계적인 코스워크(course work)와 학위 과정을 밟는 것이 아니라, 전적으로 본인의 노력으로 고군분투할 수밖에 없는 식이다. 그러다 보니 연수 이후까지 기초연구의 끈을 놓지 않고 이어가기가 쉽지 않다.

이에 KAIST에서는 임상의사가 전문적인 기초과학 분야의 훈련을 받을 수 있는 길을 제도화하기 위해, 2004년 6월 의과학대학원을 설립했다. 국회를 설득하여 마침내 전문의 출신 박사 과정 학생들이 대체복무라는 병역특례 제도를 이용해 전일제 박사 과정을 밟을 수 있는 길이 열렸다.

KAIST 의과학대학원 설립의 시초는 의사를 대상으로 한 분자실험 워크숍이었다고 한다. 분자생물학 박사 국내 1호인 유

39

욱준 KAIST 의과학대학원 명예교수(현 한국과학기술한림원장)는 1990년대 초 의사들의 요청으로 당시 유행하던 PCR 등 분자 실험 기법에 대한 소규모 워크숍을 해마다 개최했다. 처음에는 스무 명 내외의 의사가 알음알음으로 실습을 받기 위해 참석했다. 그러다가 입소문이 나면서 'BMW(Bio Medical Workshop)'라는 정식 명칭으로 진행하게 되었고, 10년간 1200명이 BMW 과정을 수료할 정도로 큰 규모로 성장했다. 워크숍을 진행하면서 임상의사들의 기초연구에 대한 관심과 열망을 알게 된 유욱준 교수는 1~2주의 단기 워크숍이 아닌 제대로 된 기초교육이 절실하다고 느끼게 되었다. 그리하여 KAIST 의과학대학원 설립을 추진하게 된 것이다.

2011년 3월 1일 서울대학교 의과대학에서도 제도적으로 의사과학자 양성을 활성화하기 위하여, 의과대학을 졸업한 의사들 또는 전문의를 대상으로 '기초연구 연수의'라는 프로그램을 출범했다. 이는 보건의료(Health Technology, 국민의 건강을 보호하고 증진하기 위하여 국가, 지방자치단체, 의료기관 또는 의료인 등이 행하는 모든 활동을 의미한다) 분야의 핵심 인력을 양성하기 위한 것으로 의학, 자연과학, 공학 등을 접목한 융합 연구를 수행할 수 있는 의사과학자의 지속적 배출을 목표로 한다. 특히 서울대학교 의과대학 기초의학교실은 학위 과정을 이수하는 동안 전공의 수준의 전문교육 프로그램과 장학금을 제공하는 것이 특징이다. 출범 당시 널리 홍보하지 않았음에도 지원자 5명으로 성공적인 출발을 했다고 당시 학교 측이 밝힌 바 있다.

그 밖에도 광주과학기술원(GIST)을 비롯해 연세대학교 의과대학, 고려대학교 의과대학에서 임상전문의 전문연구요원 제도를 도입했고 박사 학위와 병역특례를 동시에 적용하여 의사과학자를 양성하고 있다. 이공계 대학 포스텍(POSTECH)도 2023년 융합대학원 소속의 의과학 전공 과정을 신설했다. 포스텍은 미국 일리노이 공과대학이 설립한 칼 일리노이 의과대학처럼 의학과 공학을 융합한 의사과학자를 본격적으로 양성하겠다는 포부를 밝혔다. 의학과 공학의 융합, 즉 의공학의 대표적 사례는 의료용 로봇이다. 의료용 로봇은 수술 중 손 떨림을 방지하고, 보다 확대된 시야에서 인간의 손가락 움직임을 그대로 재현해낼 수 있는 수술용 로봇, 혈관이나 소화기관 내를 미세하게 탐험할 수 있는 내시경 로봇, 신경 및 근력 회복을 보조하는 재활 로봇 등이 잘 알려져 있다.

미국 어배너 샴페인에 있는 151년 전통의 일리노이 주립대학은 2018년 정부와 민간의 공동 예산에 힘입어 의과대학을 설립했다. 그리고 세계적으로 유명한 일리노이 대학의 공과대학 커리큘럼이 기반이 되는 동시에, '칼 파운데이션 병원'과 협력하여 의과대학을 설립해 '칼 일리노이 의대(Carle Illinois College of Medicine)'로 명명하게 되었다. 이곳은 의학과 공학의 융합에 초점을 맞추고 새로운 유형의 '의사과학자'를 양성해나가겠다는 비전을 제시했다. "헬스케어의 미래는 의학과 공학의 교차점에 있다"는 설립 취지 문구는 그들의 담대한 비전을 잘 보여준다.

그렇다면 KAIST 의과학대학원을 선택한 각 분야의 임상의사(또는 전문의)들은 왜 진료실에서 청진기를 드는 대신 기초연구실에서 실험용 파이펫을 드는 길을 택했을까? 이들은 환자를 진단하고, 약물이나 수술로 치료할 시간에 세포를 배양하고, 실험용 쥐를 키우며, 눈에 보이지 않는 미시 세계의 유전자를 분석하고, 단백질을 정제하는 등의 기초실험에 4년에서 5년을 투자한다. 기초연구를 위한 지식과 기술을 익히는 것이 앞으로 환자를 진단하고 치료하는 데 또는 다양한 질병을 연구하고 이해하는 데 어떤 도움이 되기에 전일제 박사 학위라는 쉽지 않은 길을 선택했을까? 이에 대한 해답을 찾기 위해서는 의과학, 그중에서도 기초연구와 임상 연구의 가교 역할을 하는 의과학의 중심축을 이루는 중개연구(translational research) 개념을 이해할 필요가 있다.

전통적 의사의 역할

의사라고 하면 우리는 흔히 히포크라테스 선서와 함께 아프리카에서 일생을 헌신한 알베르트 슈바이처 박사와 같이 환자의 병을 진단하고 치료하는 일에 전념하는 소위 임상의사의 모습을 떠올린다. 의과대학에 진학하는 대부분의 젊은 의학도는 환자를 직접 돌보고, 치료하고, 수술하는 임상의사의 삶을 꿈꾼다. 실제로 의과대학을 졸업한 후 선택하게 되는 진로 역시 임상의사가 대부분이다.

1990년대 중반 기존의 권위적이고 보수적이던 의사 문화에 저항하여 스스로 자세를 낮추어 환자와 가족, 친구를 대하던 패치 아담스의 일생을 다룬 영화가 많은 이의 심금을 울렸다. 나 역시 당시 이 영화에 큰 감동을 받았고, 앞으로 의사가 되면 패치 아담스처럼 따뜻하고 탈권위적이며, 환자 곁에서 늘 힘이 되는 의사가 되겠다는 꿈을 꾸었다.

국내에서 큰 인기를 끌었던 〈슬기로운 의사생활〉이라는 드라마에서 5명의 99학번 젊은 의사들은 환자에게 따뜻하고 인간적이며, 사명감과 뛰어난 실력을 갖춘 임상의사의 모습을 보여주었다. 극 중 소아외과 안정원 교수는 청진기를 무서워하는 아이를 진료하며 곰 인형에 청진기를 대고서는 "곰돌이 배 아야 하는 것을 고쳐주자" 하고, 어린이의 눈높이에서 질병뿐 아니라 마음까지 어루만지는 따뜻한 의사의 표본을 보여주었다. 대중은 냉철한 프로의 실력과 뛰어난 공감 능력을 겸비한 의사를 동경하며, 의사라고 하면 으레 이런 임상의사의 모습을 떠올린다.

전통적으로 의사들이 해온 연구 역시 '환자' 또는 '임상'이 중심이었다. 약물이나 의료 기기, 수술법 등 환자의 질병을 더 잘 치료하기 위한 질문을 던지고, 이에 대한 답을 찾는 것이 주된 목적이다. 암 환자에게 항암제 신약의 효능과 안전성을 평가하는 임상시험이 가장 흔한 임상 연구라고 할 수 있다. 임상시험은 1상, 2상, 3상 및 4상으로 분류하며, 단계별로 목적이 다르다.

1상 임상시험은 인체에서 약물의 안정성을 검증하고, 최대 투약량의 농도를 결정하기 위한 목적으로 시행되며, 20~80명 내외의 소규모 건강한 참여자를 대상으로 한다.

2상 임상시험은 약물에 대한 식약처(FDA) 승인에 가장 중요한 3상 임상시험으로의 진입 가능 여부를 판단하는 단계다. 환자를 대상으로 약물 효과를 탐색하기 위한 첫 번째 관문에 해당한다. 3상 임상시험에서 사용할 투약량을 결정할 뿐 아니라 질환에 대한 약효를 평가함으로써 3상 임상시험으로 넘어갈 만한 가치가 있는지를 검증한다.

3상 임상시험은 2상 임상시험에서 확인된 약효를 1000명

그림 2-1 임상시험의 단계.

이상의 대규모 환자를 대상으로 확증하는 단계다. 신약 개발의 성공은 3상 임상시험의 결과로 판가름 난다. 대규모로 진행되기 때문에 시간과 비용이 많이 드는 반면, 3상 임상시험의 결과가 성공적이면 각종 치료 가이드라인에서 레벨 1 근거로 제시될 수 있다. 그뿐 아니라 식약처 승인을 받을 수 있으므로, 임상 현장에 큰 변화를 불러올 가장 핵심적인 단계다.

마지막 4상 임상시험은 시판 후 조사 과정(post-marketing surveillance)으로도 불린다. 약물의 장기간 투약 시 나타날 수 있는 예측 외 효과 및 다양한 부작용을 조사하고 이를 개선하기 위한 과정이다.

분자생물학의 비약적 발전으로 생명현상에 대한 이해가 높아졌을 뿐 아니라, 의학 분야의 다양한 영역에서 분자생물학의 지식과 기술의 접목이 이루어졌다. 특히 암 분야는 분자생물학에 대한 기초연구 결과가 새로운 항암제의 개발이나 항암제에 대한 치료 반응성을 예측할 수 있는 바이오마커의 개발로 이어지면서, 암을 진단하고 치료하는 의사들은 자연스럽게 분자생물학을 바탕으로 하는 기초생명과학 연구에 관심을 가지게 되었다.

이처럼 과거의 의료 행위가 환자가 호소하는 증상이나 진찰을 통한 신체 검진과 이에 기반한 임상적 특징에 주목했다면, 현재의 의료 행위는 환자의 증상이나 임상 결과 외에, 유전적 정보를 포함한 다양한 분자생물학적 분석 결과를 통합적으로 접목하는 추세다. 기초연구자들과 달리 실제 환자를

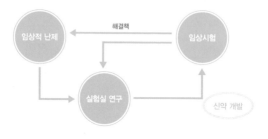

그림 2-2 우선 환자로부터 임상적 난제에 대한 질문을 얻고, 의과학 연구, 중개연구 등을 통해 근거와 해결책을 찾은 뒤 임상시험으로 이어간다. 임상시험 과정에서 과학적 질문이 재차 발생하면 이를 가지고 다시 실험실 연구로 돌아간다. 이러한 과정을 거쳐 문제를 해결하게 된다.

진단하고 치료하는 임상의사는 다양한 병의 경과와 치료 반응을 경험한다. 그럼으로써 미시적 관점의 발견을 거시적 관점에서 환자에게 접목하는 데 매우 유리하다. 또 환자에서 발견되는 거시적 관찰 결과를 바탕으로 여러 의문점을 미시적 관점에서 풀어나갈 단서를 제공할 수 있다는 장점이 있다. 의사과학자의 이러한 통합적 접근 방식을 '실험실에서 침대로(bench to bedside)' 또는 '침대에서 실험실로(bedside to bench)'라고 표현하기도 한다.

즉, '기초연구 결과를 임상 적용 가능한 새로운 치료법(의약품, 의료 기기, 진단 및 치료 기술)으로 전환하는 것(bench to bedside)' 그리고 '임상 연구에서 얻은 새로운 관찰로 기초연구를 촉발하는 것(bedside to bench)'이 바로 중개연구의 정의라 할 수 있다.

47

3장

진단과 치료
그리고 중개연구

의사 출신이면서 뛰어난 기초연구 성과를 보여 노벨상까지
받은 의사과학자들의 사례는 전통적인 의사의 역할을 새로
운 시선으로 바라볼 수 있게 해준다. 1985년 노벨 생리의학상
을 수상한 마이클 스튜어트 브라운은 미국 필라델피아의 펜
실베이니아 의과대학에서 의사 자격(M.D.)을 취득한 후, 미국
보스턴의 매사추세츠 종합병원에서 내과 수련의를 밟은 의사
출신 유전학자다. 당시 공동 수상자였던 조지프 레너드 골드
스타인 역시 미국 텍사스의 사우스웨스턴 의과대학을 졸업한
후, 브라운 교수와 함께 매사추세츠 종합병원에서 수련을 받
은 내과의사이자 유전학자다. 흥미로운 점은 브라운 교수와
골드스타인 교수는 평생의 친구이자 공동연구자로서 임상과

51

기초연구를 병행한 의사과학자라는 사실이다.

브라운 교수와 골드스타인 교수는 유전병인 가족성 콜레스테롤 과잉 혈중 환자의 세포를 정상인 세포와 비교하는 연구를 진행했다. 그 결과 콜레스테롤을 운반하는 입자인 저밀도 지질단백질(low-density lipoproteins, LDL) 수용체의 체내 결핍을 일으키는 유전적 결함을 규명하는 데 성공했다. 이를 기반으로 LDL 수용체 결핍으로 인해 혈중 콜레스테롤이 증가한다는 사실을 밝히는 등 콜레스테롤의 신진대사 과정에 대한 연구 공로로 노벨상을 수상한 것이다. 두 사람은 궁극적으로 죽상동맥경화증, 심장마비 또는 뇌졸중을 유발할 수 있는 혈중 콜레스테롤을 낮출 약물 개발의 중요한 실마리를 풀어내 인류의 건강 증진에 혁혁한 공헌을 했다.

2012년 노벨 화학상을 수상한 미국 듀크 대학 로버트 J. 레프코위츠 교수 역시 1966년에 컬럼비아 의과대학을 졸업하고, 이후 컬럼비아 대학 및 매사추세츠 종합병원에서 내과 전공의 수련을 받은 심장내과 의사 출신의 의사과학자다. 레프코위츠 박사는 1968년부터 파장이 짧은 X레이를 세포에 쏜 다음 반사 또는 굴절되는 양상으로 세포 내부를 관찰하는 'X레이 회절 결정법'이라는 방식을 이용해 뇌, 폐, 심장 세포막에 존재하는 G단백질 연결 수용체(G protein coupled receptor, GPCR)의 작동 원리를 밝혀냈다. 특히 약물 치료법의 약 50퍼센트가

G단백질 연결 수용체에 의해 조절되는 것으로 알려져 있어 향후 신약 개발에 매우 중요한 역할을 할 것으로 기대된다는 점에서 과학적 공헌이 인정되었다.

2019년 노벨 생리의학상 수상자인 윌리엄 케일린 박사는 미국 하버드 의과대학의 협력 병원인 데이나파버 암연구소(Dana-Farber Cancer Institute) 소속이다. 케일린 박사는 미국 듀크 의대를 졸업하고 존스홉킨스 의대 병원에서 내과 전공의를 수련한 종양내과 의사다. 동시에 종양 억제 유전자를 주제

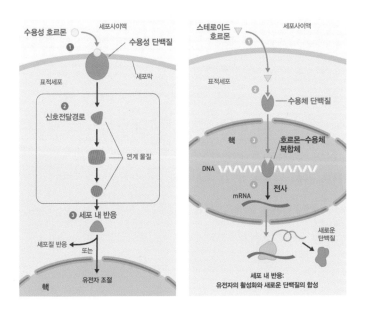

그림 3-1 호르몬-수용체-신호전달경로.

3장 진단과 치료 그리고 중개연구

로 박사후연구원을 거치면서 기초연구 분야에 뛰어든 과학자
이기도 하다.

케일린 박사는 신장암 발생의 핵심적인 유전자인 3번 염
색체 단완에 위치한 폰히펠린다우 유전자(Von Hippel-Lindau
tumor suppressor, *VHL*)에 대한 기초연구로 세포 내에서 VHL
단백질이 저산소 유도인자(hypoxia inducible factor, HIF)의 농
도를 조절한다는 사실을 규명했다. 세포가 저산소증 상태에
빠지면 혈관의 신생을 유도하기 위해 세포 내에 HIF가 축적
되는 반면, 정상 상태에서는 HIF가 세포 내에 쌓이지 않도
록 VHL 단백질이 단백질 분해 효소 복합체인 프로테아좀
(proteasome)이라는 세포 기구를 통해 HIF 단백질의 분해가
일어나도록 유도하는 역할을 한다. 따라서 *VHL* 유전자에 돌
연변이가 발생하면 VHL 단백질 기능에 장애가 생기고, 저
산소증 상태에서 혈관의 신생을 유도하기 위해 세포 내에 축
적되는 HIF 단백질이 과도하게 증가한다. 그러면 HIF 단백
질의 하위 신호전달 물질인 혈관 내피세포 성장인자(vascular
endothelial growth factor, VEGF), 혈소판 유래 성장인자(platelet-
derived growth factor, PDGF), 형질 전환 성장인자(transforming
growth factor, TGF-α) 등의 분비가 증가하고, 이로 인해 신생
혈관 발생 증가 및 암세포 증식에 유리한 환경이 조성된다.

이러한 세포 내 특정 유전자의 기능에 대한 발견은 향후 최

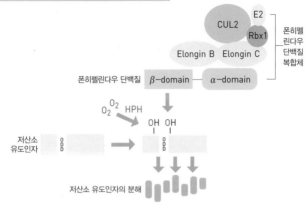

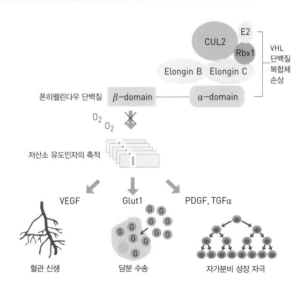

그림 3-2 VHL 단백질의 역할과 돌연변이 발생 시의 저산소증 상태.

초의 VEGF 수용체 억제제인 수니티닙 말산염(sunitinib malate)이라는 전이성 위암 및 신장암 등의 표적 치료제 개발로 이어지면서, 암 치료의 혁신을 이끄는 데 핵심 역할을 하게 된다. 이러한 공로로 윌리엄 케일린 박사는 2019년 피터 랫클리프 및 그레그 서멘자 박사와 함께 노벨 생리의학상을 공동 수상하게 된다.

케일린 박사가 신장암 발생에서 *VHL* 유전자의 역할을 규명하게 된 단초는 *VHL* 유전자가 태어날 때부터 고장 나 있는 폰히펠린다우 증후군 환자들에서 신장암을 포함한 부신 갈색세포종, 망막 혈관모세포종 등의 암 발생이 증가한다는 임상적 발견이었다. 실제 임상 환자에서 관찰한 특이한 발견, 그리고 풀리지 않는 의문을 기초 기전 연구를 통해 규명하고, 이것을 다시 암 환자를 치료하는 새로운 표적 치료제의 개발로 이끌었다는 점은 시사하는 바가 많다. 표적 치료제가 전이가 있는 말기 신장암 치료의 패러다임을 바꿀 만큼 고무적인 결과로 이어졌다는 점은, 전통적 개념의 임상의사와는 차별화된 의사과학자의 역할이 의학 분야 발전에 얼마나 중요한지를 보여주는 대표적인 일화라고 하겠다.

한 가지 중요한 사실은, 기초연구실에서 박사후연구원을 수년간 거친 케일린 교수와 마찬가지로 브라운, 골드스타인, 레프코위츠 교수는 미국 NIH에서 환자를 일부 담당하는 제한된 임상 업무를 하는 동시에 많은 시간을 기초과학 실험실에서 일한 공통점이 있다는 것이다. 이들은 임상의사로서 인간 질병에 대한 분자생물학 접근 방식을 깊이 있게 경험했는데, 이것이 의사과학자로서의 연구 인생에 큰 영향을 끼쳤다고 회고한다.

파이펫을 든 임상의사, 실제 그 현장에서

나는 신장부터 요관, 방광, 남성의 전립선, 요도에 이르는 요로 기관의 질환을 다루는 비뇨의학과에서 전공의 수련을 받은 후 전문의를 취득했다. 이후 군의관으로 입대하는 대신 KAIST 의과학대학원에 진학하여 4년간의 대체복무를 통해 당시 줄기세포 연구의 선구자이자 대가인 한용만 교수 연구실에서 줄기세포를 주제로 이학박사 학위를 취득했다. 그 후 다시 임상으로 복귀해 요로 계통에서 발생한 암(비뇨기종양)에 대해 수술적 치료(복강경 및 로봇 수술 등의 최소 침습 수술 등) 및 약물 치료(표적 치료제, 면역 항암제, 차세대 남성호르몬 차단 약제 등)를 주로 담당하는 비뇨기종양 분야 전문의로 일하고 있다. KAIST에서 분자생물학을 비롯한 생명과학의 이해와 기초연구 훈련을 체계적으로 쌓을 수 있었던 덕분에, 임상으로 복귀한 뒤에도 지속적으로 기초연구를 이어가고 있다.

박사 과정에서 전공한 주제는 당시 생명과학 분야에서 각광받던 줄기세포(stem cell)였다. 태생기에 해당하는 줄기세포는 향후에 어떤 유형으로도 발달할 수 있는 만능(pluripotent) 배아(embryonic) 세포다. 줄기세포는 적절한 외부 조절(신호전달경로)을 통해 어떠한 세포, 나아가 어떠한 장기로든 발달할 수 있다는 가능성 때문에 세계 각국에서 경쟁적으로 연구를 진행 중이다. 특히 한번 기능을 상실하면 재생할 수 없는 신경 계통의 세포를 줄기세포로부터 분화시키는 기술이 개발되면 척추 손상으로 걸을 수 없는 환자를 다시 걷게 만드는 기적의 치료제가 될 수 있다는 희망을 갖게 했다.

하지만 배아줄기세포의 채취나 활용에는 여러 윤리적 이슈와 제한된 재료 등 큰 난관이 있었다. 이를 극복한 기술이 바로 일본 교토 대학의 야마나카 신야 교수팀이 개발한 역분화 만능 줄기세포(Induced pluripotent stem cell, iPSC)다. 정형외과 의사 출신이기도 한 야마나카 교수는 줄기세포능을 유지하는 네 가지 핵심 인자인 *OCT4*, *SOX2*, *c-MYC*, *KLF4* 유전자를 발견하고(네 가지 핵심 유전자를 야마나카 인자라고도 한다), 이를 사람의 피부 조직에서 채취한 섬유아세포(피부세포의 일종으로, 피부의 뼈대 역할을 하는 콜라겐, 피부의 탄성을 유지해주는 역할을 하는 탄력섬유, 피부의 수분 흡수에 중요한 역할을 하는 글리코

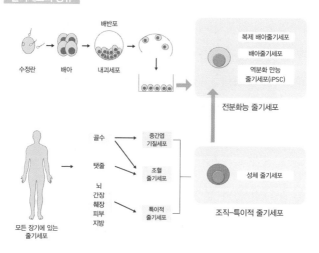

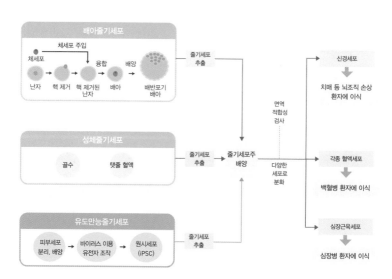

그림 3-3 줄기세포의 종류와 추출 방식.

사미노글리칸 등을 만드는 세포)에 바이러스를 이용하여 인위적으로 주입하여 역분화(reprogramming)를 유도함으로써, 배아줄기세포와 동일한 성질을 가지는 역분화 만능 줄기세포를 개발했다. 이는 줄기세포 분야뿐 아니라 생명과학 전 분야에 엄청난 파장을 일으킨 혁명적인 기술이다.

예를 들어, 파킨슨 환자에서 피부 조직을 일부 채취한 다음 역분화 줄기세포로 유도를 하고, 이를 다시 파킨슨 환자에서 손상된 도파민 분비 신경세포로의 분화를 유도한 다음 손상된 신경세포를 대체할 수 있게 된다면, 현재로서는 완치가 어려운 파킨슨 환자를 정상으로 되돌리는 새로운 길이 열릴 것이다.

하버드 의대의 한인 과학자 김광수 교수 연구팀은 파킨슨병 환자의 피부 조직에서 유래한 역분화 줄기세포를 도파민 신경전구세포로 분화시킨 후, 같은 환자의 좌측 및 우측 대뇌반구 내의 피각(putamen)에 6개월 간격으로 각각 주입하는 임상 연구를 진행했다. 그 결과, 주입 18개월 및 24개월 후에 파킨슨병에 대한 영상학적 변화 및 임상 증상의 변화가 치료 전에 비해 유의하게 호전되는 추세로 나타났다. 특히 면역체계의 거부반응이나 종양 발생과 같은 심각한 부작용 없이 구두끈을 스스로 다시 묶을 수 있게 되었을 뿐 아니라 수영을 하고 자전거를 탈 정도로 뚜렷하게 운동 능력을 회복하는 모습

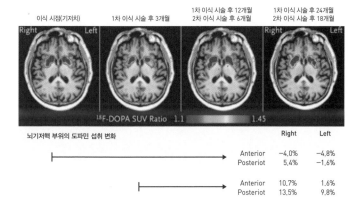

뇌기저핵 부위의 도파민 섭취 변화		Right	Left
	Anterior	-4.0%	-4.8%
	Posteriot	5.4%	-1.6%
	Anterior	10.7%	1.6%
	Posteriot	13.5%	9.8%

그림 3-4 **파킨슨병 환자에서 역분화 줄기세포 유래 도파민 신경전구세포 주입 전후 PET 영상 결과. 이 경우, 첫 번째(줄기세포) 이식 후 3개월째에 18F-DOPA PET-CT 영상에서 뇌기저핵의 18F-DOPA 흡수가 기준선 대비 초기 감소한 후 최대 18개월 및 24개월 후에 약간 증가한 것으로 나타나고 있다. 흡수가 증가된 강도는 왼쪽(1차 이식)보다 오른쪽(2차 이식)에서 더 컸으며, 특히 이식 부위 근처의 후방 피각에서 가장 두드러진다.**

을 보였다고 한다. 이로써 세계 최초로 파킨슨병 환자 유래의 역분화 줄기세포를 이용한 환자 맞춤형 치료의 가능성을 보여주었다. 이러한 성과는 2020년 5월《뉴잉글랜드저널오브메디신》에 발표되었다.

2019년 4월 대한비뇨기종양학회 장학생으로 선발되어 미국 하버드 의대 부속 보스턴 어린이병원에 한 달간 단기 연수를 갔을 때, 개인적인 인연으로 김광수 박사와 식사를 함께 하게 되었다. 당시는 앞서 언급한 연구가 한창 진행 중이어서,

매우 고무적인 연구 결과들이 나오고 있다는 것을 김광수 박사에게 상세히 들을 수 있었다. 줄기세포 연구로 박사 학위를 받은 나로서는 임상 적용 가능성이 매우 흥미로웠다.

해당 연구의 임상시험에 참가한 1호 환자는 파킨슨병을 진단받고 절망적인 시간을 보내고 있던 의사 출신의 성공한 스타트업 대표였다. 그는 김광수 박사가 줄기세포에서 분화시킨 도파민 신경세포를 파킨슨 동물모델에 이식했을 때 종양 발생 등의 부작용 없이 파킨슨 관련 증상이 뚜렷하게 개선되었음을 규명한 연구 결과를 발표하는 학회 세미나에 참석했다고 한다. 강의를 듣고 파킨슨병 치료에 대한 한줄기 희망의 빛을 본 그는, 이후 김광수 박사에게 개인적으로 연락해 매년 10억 원을 신경 줄기세포 연구비로 기증했다. 그뿐 아니라, 본인이 그 연구의 임상시험 대상자로 직접 참여하여 세계 최초로 파킨슨병 환자 유래의 역분화 줄기세포를 이용한 맞춤형 치료의 효과를 보게 되었다는 것이다. 이 영화 같은 비하인드 스토리를 듣고 큰 감동을 받았던 기억이 있다.

물론 역분화 줄기세포를 활용한 세포 치료는 기술적으로 개선해야 할 점이 많다. 임상에서 본격적으로 활용하려면 어쩌면 몇십 년의 시간이 더 필요할지도 모른다. 대규모 3상 임상시험에서 기존 치료 약제와의 비교를 통해 우수한 치료 효과를 입증해야 한다. 필요한 장기의 기능을 제대로 갖춘 세포

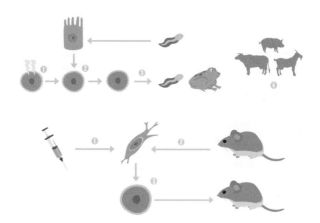

그림 3-5 2012년 노벨 생리의학상 수상자인 존 거던과 야마나카 신야 교수의 연구. 존 거던 교수(위)는 ①개구리 알 세포에서 세포핵을 제거하고, ②대신, 올챙이의 특정 세포에서 추출한 세포핵으로 치환했을 때, ③해당 개구리 알은 정상 올챙이로 발생하는 것을 확인했다(세포 복제술에 해당함). ④또한 연속적인 세포 이식 실험을 통해 다양한 복제 포유류를 제작할 수 있음을 검증했다. 야마나카 신야 교수(아래)는 줄기세포 기능에 중요한 유전자들을 연구했다. ①특정 4개의 유전자를 ②피부 조직으로부터 추출한 세포에 이식했을 때, ③피부세포는 만능 줄기세포로 역분화했고, 해당 만능 줄기세포는 성체 쥐의 모든 세포로 분화가 가능함을 확인했다. 그는 이러한 유도된 줄기세포를 역분화 줄기세포라고 명명했다.

의 대량 생산을 위한 효율적인 분화 및 증식 방법의 고도화, 외부로부터 주입된 줄기세포에 대한 인체 내 면역거부반응에 대한 개선, 바이러스 벡터를 이용한 유전자 삽입 기술을 주로 사용함에 따라 바이러스가 세포 내 유전자에 불규칙적으로 끼어들어 돌연변이를 유발하고, 암유전자의 활성을 촉진시켜 종양 발생의 위험성을 증가시킬 수 있는 문제 해결 등 극복해야 할 기술적 과제가 산적해 있는 것이 사실이다.

하지만 적어도 기존에 없던 새로운 방식으로 인간 만능 줄기세포를 별도의 침습적인 채취 과정 없이 다양한 체세포를 활용해 대량으로 쉽게 얻을 수 있다는 점에서 야마나카 교수의 발견은 인류의 삶을 크게 바꿀 초석을 마련한 대단한 연구라 할 수 있다. 이런 혁명성과 파급력 덕에 연구 결과가 세상에 공개된 지 불과 5년 만에 야마나카 교수는 노벨 생리의학상 수상이라는 영예를 얻게 되었다.

환자 맞춤형 의료 서비스에서 신약 개발까지

4장

시계를 되돌리는
줄기세포

나는 박사 학위 과정 동안 역분화 줄기세포를 이용한 신장 전구세포(progenitor cells, 특정 장기를 구성하는 최종 단계 이전의 세포로서, 해당 장기를 구성하는 모든 세포로 분화할 수 있는 특성을 가졌으며 일종의 성인 줄기세포에 해당한다) 분화 기술의 개발에 힘을 쏟았다. 이와 함께 희귀 유전병을 가진 소아 환자에서 유래한 역분화 줄기세포를 활용하여 유전병 환자의 질환 표현형이 발현되는 세포로 분화시키고, 이를 활용하여 질환의 발생 기전과 치료 단서를 찾는 연구를 수행했다. 신장 전구세포 분화 기술은 당시 거의 연구되지 않은 분야였다. 재생이 불가능한 장기인 신장을 줄기세포, 특히 환자 본인의 체세포로부터 만든 역분화 줄기세포를 활용하여 신장 전구세포로 분화시키

71

고, 이로써 신(腎)기능을 잃어버린 만성 신부전 환자의 치료에 활용할 수 있을 것이라는 기대에서 출발했다.

역분화 줄기세포는 기존의 배아줄기세포와는 완전히 다른 개념이다. 한마디로 생체시계를 거꾸로 돌려놓는 것과 같다. 분화가 끝난 체세포(예를 들면 피부로부터 채취한 세포)에 유전자 조작을 가함으로써 세포 상태가 발생 초기 수준으로 변화하게 되고, 여기에 다시 발생 과정을 모사한 배양 조건을 가해주면 원하는 방향으로 세포 분화를 유도할 수 있다. 2005년 황우석 사태로 우리나라의 줄기세포 연구는 엄청난 타격을 입고 침체기를 겪게 되었다. 그러다 야마나카 교수의 역분화 줄기세포가 발표된 이후 줄기세포 연구는 다시 각광을 받게 되었다. 배아줄기세포 연구와는 달리 윤리적 이슈를 피해 갈 수 있다는 점 때문에 많은 연구자가 역분화 줄기세포 연구에 뛰어들었다.

나 역시 박사 학위를 시작하면서 역분화 줄기세포의 존재를 처음 알게 되었고, 생체시계를 거꾸로 돌리는 혁신적인 개념에 관심이 커졌다. 처음 실험을 할 때는 사람의 피부 조직에서 유래한 섬유아세포에 역분화 줄기세포 유도에 필요한 네 가지 핵심 유전자를 바이러스 벡터를 이용해 삽입하려고 시도했다. 수차례 실패를 거듭한 끝에, 길쭉한 모양의 섬유아세포들이 시간이 지남에 따라 원형의 줄기세포로 점차 변해가

72

는 모습을 보며 희열을 느끼기도 했다. 역분화 줄기세포가 만들어지고 수일이 지나면 현미경을 들여다보면서 미세한 주사기 침을 이용하여 격자 모양으로 일정하게 자른다. 그런 다음 파이펫을 써서 격자들이 최대한 손상 없이 바닥에서 떨어지도록 처리한 후, 새로운 배양용 접시로 옮겨주는 아주 노동 집약적 작업을 하게 된다. 처음에는 격자 모양도 일정하지 않고 파이펫 중간에 세포 군집이 찢어지는 등 어려움을 겪었지만, 차츰 기계적 실험에 숙달되면서 열 개가 넘는 배양접시의 줄기세포를 능숙하고 빠르게 옮기는 작업을 할 수 있게 되었다.

줄기세포 배양에 익숙해지는 것은 연구의 시작일 뿐이다. 배양이 안정적으로 잘되는 단계에 이르면 분화를 얼마나 효율적으로 정확하게 시키느냐가 관건으로 떠오른다. 줄기세포는 세포에 전달되는 신호전달 물질이나 배양의 조건에 따라 어떤 세포 유형으로도 분화될 수 있기 때문에 원하는 대로 분화시키기 위해서는 매우 정교한 조절 과정이 필요하다.

내가 연구하던 신장세포 분화 실험 과정을 좀 더 살펴보자. 줄기세포로부터 신장세포로의 분화는 연구된 바가 거의 없기 때문에 분화 프로토콜을 완성시키는 것 자체가 하나의 주제가 될 수 있다. 실제 태아 발달 단계에서 일어나는 신장으로의 분화 과정을 실험실 배양접시에서 그대로 모사하는 방식으로 접근했다. 발달 과정에서의 주요 단계를 구분하여 분화를

73

유도하는데, 신장은 배아 발달의 초기 단계인 내배엽, 중배엽, 외배엽 중 중배엽에 해당한다. 따라서 분화 유도를 배아 단계, 원조(primitive streak) 단계, 중간 중배엽(intermediate mesoderm) 단계, 신장 전구세포 단계로 나눈다. 그런 다음 각각의 단계로 유도하기 위한 핵심 신호전달 물질과 조절 유전자를 찾아내는 것이 중요하다.

여기서 배엽(germ layer)은 배아 발생 동안의 세포 그룹으로, 초기 발생단계에는 세 개의 배엽으로 구분된다. 각 배엽별로 특징적인 장기를 구성하는 세포 및 기관으로 발달한다. 내배엽은 배엽의 가장 아래층으로 호흡기계, 소화기계, 인후, 간,

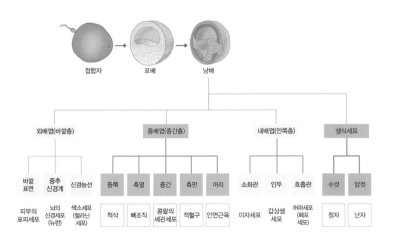

그림 4-1 내배엽, 중배엽, 외배엽의 개념.

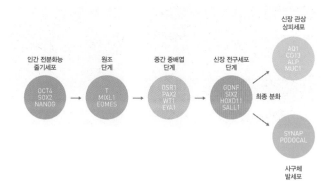

인간 전분화능   원조   중간 중배엽   신장 전구세포   신장 관상
줄기세포   단계   단계   단계   상피세포

그림 4-2 줄기세포에서 신장세포로의 분화 과정.

췌장, 요관 및 방광 등으로 발달한다. 중배엽은 가운데층이며
뼈, 치아, 근육, 진피조직 및 결합조직, 심혈관계 및 신장 등으
로 발달한다. 외배엽은 배엽의 위층으로 표피, 손톱, 머리카
락, 중추 및 말초 신경계 등으로 발달한다.

　다양한 신호전달 물질 또는 성장인자 등의 처리를 시도하
여, 각 발달 단계로의 분화를 유도하는 실험을 진행한다. 분
화의 성공 여부는 단계별로 특징적인 유전자 발현 정도를 실
시간 중합 효소 연쇄반응(real time-PCR) 또는 웨스턴 블럿
(western blot) 및 면역형광염색으로 확인하게 된다. 신장 전구
세포로의 분화 이후에는 신장을 구성하는 다양한 세포로의
분화가 가능한지 각 세포의 특이적인 마커 발현을 통해 확인

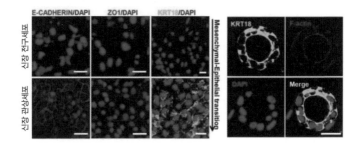

그림 4-3 신장 전구세포(NPCs) 및 신장세포에 대한 면역형광염색 결과. NPCs 에서 신장 관상세포(RTECs)로 분화를 시키게 되는데 분화에 성공할 경우 중배엽 (mesenchymal) 상태의 세포가 상피(epithelial) 상태의 세포로 변하게 되므로, 상 피세포의 마커인 E-cadherin, ZO1, KRT18의 발현이 높아지게 된다. 좌측 패널에 서 위와 아래 세포의 발현 색깔을 보면(각 명칭의 문자 색깔이 단백질 발현의 색이 다) RTECs에서 각 단백질이 발현하는 것을 알 수 있다. 우측 패널은 동일한 데이터 결과인데, 관상 구조의 세포들로 형성되었음을 나타낸다(대표 마커인 KRT18로 염색 함으로써 관상 구조가 형성된 것이 형광염색으로 잘 드러난다).

한다. 각각의 신장세포가 갖는 고유의 기능을 세포 수준에서 재현할 수 있는지 확인함으로써, 분화의 성공 여부를 평가하 게 된다.

연구 결과를 발표한 2014년 당시는 신장 전구세포 분화 및 신장을 구성하는 다양한 세포로의 분화를 2차원 배양 상태에 서 유도하는 기술만 가능한 수준이었다. 하지만 최근 장기 모 사체로 알려진 오가노이드(organoid) 기술의 개발 및 발전으로 신장 오가노이드 배양 기술도 괄목할 만한 성장을 이루었다. 특히 오가노이드는 3차원 배양을 통해 실제 장기를 구성하는 다양한 세포가 한꺼번에 포함된 형태로 분화가 가능하기 때문에, 기존에는 구현하기 힘들었던 복잡한 장기인 신장 분야 기술이 큰 발전을 이루었다.

2015년 10월, 오스트레일리아 머독 어린이 연구소(Murdoch Children's Research Institute)의 신장 연구소 책임자 멀리사 리틀 박사 연구팀은 세계 최초로 역분화 줄기세포로부터 장기모사체 신장 오가노이드 분화에 성공한 연구 결과를 《네이처》에 발표했으며, 그 혁신성을 인정받아 표지를 장식했다.

역분화 줄기세포를 활용한 연구는 크게 두 축을 이룬다. 한 축이 다양한 장기로의 분화를 통해, 기능을 잃어버린 세포

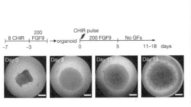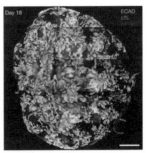

그림 4-4 역분화 줄기세포로부터 신장 오가노이드로의 분화(왼쪽). Day 0(배양 0일째)부터 왼쪽 표의 분화 방식을 적용한 결과 Day 18에 마치 신장의 모양과 흡사한 형태를 띠는 3차원 형태의 신장 오가노이드가 형성되었음을 보여주는 광학현미경 사진이다. 오른쪽은 배양 18일째 신장 오가노이드가 실제 신장세포에서 발현하는 대표적 유전자인 *ECAD*, *LTL*, *NPHS1*가 잘 발현되고 있음을 보여주는 면역형광염색 결과다.

를 새로운 기능을 가진 세포로 대체하는 재생의료(regenerative medicine)적 접근이라면, 다른 한 축은 실제 환자로부터 유래한 체세포를 역분화시킨 후, 다시 질환에 이환된 특정 장기세포로 분화시키고, 질환의 표현형을 재현하는 질환 모델링(disease modeling)적 접근이다.

희귀 유전성 질환 코스텔로 증후군

나는 신장 전구세포로의 분화 프로젝트와 병행하여, 희귀 유전병 소아 환자에게서 얻은 체세포를 이용한 질환 모델링 프로젝트를 진행했다. 박사 과정 당시 속해 있던 연구실에서는 서울아산병원 소아청소년과와 공동연구를 통해, 다양한 유전성 질환(누난 증후군, 파브리병, 고셰병, 코스텔로 증후군, 심장-얼굴-피부 증후군 등)에 대한 조직을 획득하여 역분화 줄기세포를 만들었다. 그런 다음, 각 질환에서 중요한 질환 표현형에 해당하는 장기로의 분화를 시도하는 희귀 유전성 질환 모델링에 대한 국책 연구 사업을 추진하고 있었다.

희귀 유전질환 중에서 나는 코스텔로 증후군이라는 유전병을 가진 환아의 샘플을 얻을 수 있었다. 환아 3명에게서 피부 조직검사를 통한 섬유아세포를 얻은 다음, 역분화에 핵심적인 네 가지 유전자가 삽입된 바이러스 벡터를 이용하여 환자 특이적 역분화 줄기세포를 제작했다. 제작된 역분화 줄기세포에서 실제 환자와 동일한 11번 염색체 15번 장완에 위치한 *HRAS* 유전자의 결함에 의해 12번 아미노산인 글라이신(glycine) 잔기가 세린(serine)으로 치환된 형태의 변이를 확인했다. 이로써 코스텔로 증후군 특이적 환자 유래 역분화 줄기세포가 성공적으로 제작되었음을 볼 수 있었다.

코스텔로 증후군은 전 세계에서 300명 내외의 환자가 앓고 있는 매우 희귀한 유전병이다. 두개안면 이상 및 발달 지연, 저신장, 척추측만증, 골감소증(osteopenia)·골다공증(osteoporosis), 손목 및 손가락의 척골 편향 등의 근골격계 이상 소견, 비대형 심근증(hypertrophic cardiomyopathy) 또는 심방빈맥(atrial tachycardia) 등의 심장 질환 및 악성 종양(malignant tumors) 등이 동반되는 것으로 알려져 있다. 코스텔로 증후군의 약 80퍼센트에서 세포의 생존·분화·성장 등 다양한 신호전달에 관여하는 *HRAS* 유전자의 12번 또는 13번 글라이신 잔기의 생식세포 돌연변이(germline mutation)가 원인으로 밝혀졌다. 그러나 아직까지 구체적인 병태생리학적 기전 및 뚜렷한 치료제가 없는 난치성 질환이다.

코스텔로 증후군의 다양한 질환 표현형 중 근골격계 이상이 가장 흔하다. 그러나 관련 기전이 규명된 바가 거의 없었

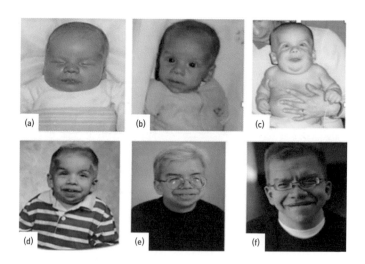

그림 4-5 가장 흔한 이형접합성 *HRAS* p.G12S 과오 돌연변이(missense mutation)를 가진 남성 환자의 사진이다. 코스텔로 증후군에서 대표적으로 나타나는 두개안면 이상을 보여준다. 이 자료는 출생(a)부터 5개월(b), 1세 반(c), 4세 반(d), 15세(e), 23세 (f)까지 안면 모양 특징의 변화를 나타낸다.

으므로, 나는 근골격계 이상에 대한 표현형에 주목하여, 역분화 줄기세포를 근골격계 세포로 분화시키고자 했다. 이를 위해 우선 근골격계 세포로의 분화 단계에서 중간자 역할을 하는 중간엽 줄기세포(mesenchymal stem cell)로 분화시키고, 이후 뼈세포(조골세포)로 분화를 진행한 다음, 정상세포에서 유래한 역분화 줄기세포로부터 동일한 방법으로 분화시킨 조골세포와의 표현형을 비교 분석했다. 그 결과, 코스텔로 증후군 유래의 조골세포에서 알칼리성 인산가수분해효소(alkaline phosphatase), 알리자린 레드(alizarin red) 및 폰코사(von Kossa)염색이 정상세포 대비 매우 감소한 것이 관찰되었다. 이는 조골세포의 기능적 결함이 나타남을 의미한다.

이로써 코스텔로 증후군의 근골격계 이상을 잘 나타내는 조골세포를 실험실 수준에서 대량으로 얻을 수 있다는 사실을 확인했다. 이후에는 왜 조골세포의 기능이 감소하는지에 대한 분자 기전 연구를 추가로 수행했다. 내가 학위 과정을 끝낼 시점에서야 조골세포의 기능 이상을 확인하는 실험

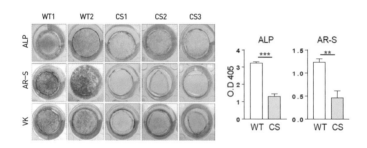

그림 4-6 상단의 WT1, WT2, CS1, CS2, CS3는 각 환자에 대한 표기다. WT1, WT2는 정상 샘플 1, 정상 샘플 2, CS1, CS2, CS3는 코스텔로 증후군 환자 샘플 1, 2, 3을 의미한다. 좌측 ALP, AR-S, VK는 조골세포로의 분화를 확인할 수 있는 인산가수분해효소염색, 알리자린염색, 폰코사염색을 수행했음을 뜻한다. 색깔이 진하게 나타날수록 조골세포 분화가 잘 이루어졌음을 의미하여, WT 대비 CS 샘플에서는 각각의 염색이 잘 안 된 것으로 볼 때, 조골세포 분화가 잘 이루어지지 않았음을 알 수 있다. 우측 그래프는 ALP, AR-S 염색의 정도를 정량화하여 비교한 것이다. WT가 CS에 비해 염색의 정도가 유의하게 상승한 것을 알 수 있다.

4장 시계를 되돌리는 줄기세포

이 완료되었기 때문에 이후의 분자 기전 연구는 내가 속해 있던 KAIST 발생분화 연구실의 후임자에게 인계했다. 다행히 후임자들의 오랜 노력 끝에 코스텔로 증후군에서 조골세포 기능 결함의 원인을 규명할 수 있었다. 즉 *HRAS* 유전자 돌연변이에 의해 ERK 신호전달경로가 과활성화되고, 이로 인

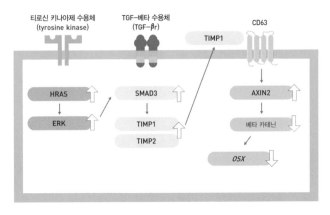

조골세포 형성 장애

그림 4-7 **코스텔로 증후군 환자에서 뼈 생성 장애의 분자 기전에 대한 가설.** 상자는 조골세포를 의미하며, 코스텔로 증후군 환자에서 조골세포 형성 장애(impaired osteogenesis)가 일어나는 기전을 도식화했다. *HRAS*의 돌연변이에 따른 과활성화(화살표 상승 표시)로 인해 하위 신호전달경로인 ERK 신호의 과활성화가 일어난다. 이는 *SMAD3* 유전자의 과활성화를 일으키고, 이로 인하여 세포 외 기질의 리모델링에 연관된 *TIMP1, 2* 유전자의 과활성화가 일어나면서 세포 외로 분비량이 증가하게 되며, CD63 수용체 자극이 촉진됨으로써, AXIN2의 자극에 의한 베타 카테닌의 억제가 일어난다. 궁극적으로 조골세포 및 뼈 성장에 핵심적 역할을 하는 *OSX* 유전자의 억제가 일어나게 됨으로써, 조골세포 기능의 저하 및 이로 인한 뼈 형성 장애가 유도되는 것이다.

82

해 SMAD3 신호전달경로의 순차적 활성화 및 세포외 기질 (ECM) 리모델링 기능을 하는 *TIMP* 유전자 발현 증가가 일어나며, 궁극적으로 베타 카테닌(β-catenin) 신호전달경로의 억제 및 이에 따른 조골세포 기능에 핵심적인 *OSX*(Osterix)의 억제가 유도되는 과정에 의한 것이었다.

이처럼 환자 유래 역분화 줄기세포의 가장 큰 장점은 피부 세포로부터 만능 줄기세포로 역분화를 함으로써, 인체 내에서 원하는 어떠한 세포로도 분화시킬 수 있다는 점이다. 따라서 환자에서 얻기 어려운 장기 세포(뇌, 심장, 신장 등), 특히 질환이 이환되어 나타나는 장기의 세포를 실험실에서 많이 얻을 수 있으므로, 질병의 기전 연구를 효과적으로 수행하게 된다. 나아가 해당 세포에 다양한 치료 후보물질을 대량으로 빠르게 효능 평가를 수행하고, 선별(또는 스크리닝)할 수 있으므로 신약 개발의 플랫폼으로 이용 가능하다는 점에서 임상적 활용성이 무궁무진하다.

4장 시계를 되돌리는 줄기세포

5장

생명과학자의 질문,
의사의 답

기초과학 분야의 전일제 학위 과정을 밟는 동안 자연스레 기초연구와 임상 분야의 접목을 끊임없이 고민했다. 단순히 기초과학적 관점에서 미시의 세계를 들여다보고, 생명의 기본 원리를 탐구하는 것이 아닌, 실제 희귀 유전병 환자에서 획득한 역분화 줄기세포로 질환의 관점에서 연구한 결과일 것이다. 연구를 위한 연구에서 그치지 않고 지금 하고 있는 실험으로 향후 희귀 유전병을 앓는 환자들에게 어떻게 직간접적 혜택을 줄 수 있을지를 생각했다. 즉, 단순히 기초실험을 수행하는 것 자체에 매몰되는 것이 아닌 'Bench to bedside(기초 연구 결과를 임상 적용 가능한 기술로 전환하는 것)'와 'Bedside to bench(임상 현장에서 얻은 새로운 관찰을 기초연구로 연계하는 것)'

를 궁극적인 목표로 두고 연구하는 태도를 견지했다. 이런 시간이 쌓여 지금도 암 환자들을 진료하고 치료하는 임상의사로서 본업을 하면서도 어떻게 하면 암 분야의 기초연구 결과들을 실제 환자에 적용할 수 있을지, 생명과학적 시각으로 암 환자의 진단과 치료를 개선할 수 있을지를 매 순간 고민한다.

전통적인 기초 생명과학 분야에서 다루는 세포 배양이나 동물실험, 다양한 기법을 이용한 분자생물학 실험도 물론 의과학 연구의 중요한 요소다. 그러나 환자를 진료하고 치료하는 과정에서 생긴 다양한 질문과 기존의 임상 지식으로는 해결되지 않는 의문을 기초 생명과학적 관점에서 바라보고, 가설을 세워 이를 검증하는 접근 방식이 새로운 의과학 연구의 중요한 출발점이 아닐까 생각한다.

가장 쉽게 이해할 수 있는 예가 항암 치료에 대한 반응성(responsiveness)과 획득 저항성(acquired resistance)에 대한 것이다. 전이 신장암의 경우, 현재 진료 지침상 1차 치료제로 면역 항암제 병합요법이 추천된다. 나이, 성별, 암의 크기와 개수, 건강 상태 등 환자의 임상병리학적 특성은 매우 유사한데도 치료 반응성에는 개인별 편차가 분명히 존재한다. 예후가 나쁠 것으로 예상했지만 엄청난 치료 반응률을 보이며 암이 대부분 소멸되는 경우가 있다. 우수한 효과가 예상되어 보다 적극적인 치료를 계획했음에도 급격한 저항성을 보이면서 빠른 속도로 병이 악화되기도 한다. 처음에는 치료 반응성이 좋은 환자도 차츰 항암제에 내성이 생기게 되는데, 그 기간이 매우 짧은 환자가 있는 반면 어떤 환자는 매우 지속적인 장기 반응 효과를 보이는 상황도 있다. 임상병리학적으로는 유의한 차이가 없었음에도 치료 결과는 매우 큰 차이를 보이는 경험을 할 때면 "왜?"라는 질문을 던지게 된다.

미시적 관점에서 보면, 암세포 발생에 가장 핵심적 역할을 하는 유전자 돌연변이 및 유전자 돌연변이에 따른 다양한 유전자 발현 패턴의 변화(전사체)에 차이가 발생하게 된다. 그리고 치료에 대한 반응군과 비반응군, 또는 치료 저항성 발생군의 '유전체 및 전사체 특성을 분석해보면 임상병리학적 관점에서는 알지 못했던 단서를 발견할 수 있을 것이다'라는 가설로 이어지게 된다.

좀 더 구체적인 사례를 들어보자. 전이성 전립선암은 호르몬치료 반응 여부에 따라 나뉘며 진단 당시, 즉 이전에 치료 경험이 없는 상태인 호르몬 반응성 전립선암과 병이 더욱 진행되어 호르몬 치료에 불응하는 거세저항성 전립선암으로 구분한다. 대부분의 환자는 약물 치료에 대한 초기 치료 반응 기간이 지난 후에는 약제에 불응성을 보이는 거세저항성 전립선암이라는 보다 악성도가 진화한 형태로 변한다. 전이가 더욱 심화된 환자는 2~3년 내에 사망에 이른다.

5장 생명과학자의 질문, 의사의 답

호르몬 반응성 전이성 전립선암의 치료는 남성호르몬 박탈 요법(androgen-deprivation therapy, ADT)이 과거 수십 년간 유일한 치료 방법이었다. 그러다 2014년 항암화학요법인 도세탁셀(docetaxel)과의 병합요법이 ADT 단독요법에 비해 유의한 생존율 향상 효과를 보이는 것이 입증되었다. 이후, 거세저항성 전립선암 치료제로 사용되던 아비라테론 아세테이트나 엔잘루타마이드 같은 차세대 남성호르몬 차단 약제와의 병합요법에서도 차례로 생존율 향상 효과가 대규모 3상 임상시험을 통해 입증되기에 이르렀다. 따라서 호르몬 반응성 전이성 전립선암에서의 1차 치료 옵션에 대해 현재 국제 진료 가이드라인은 ADT와 도세탁셀, 아비라테론 아세테이트, 엔잘루타마이드 또는 아팔루타마이드(apalutamide)와의 병합요법을 권고하고 있다.

국내에서도 도세탁셀, 아비라테론 아세테이트를 비롯한 다양한 약제가 국민건강보험의 보장을 받는 급여권에 들어와 있다. 엔잘루타마이드는 식약처 승인만 받은 후 건강보험에서 비용에 대한 보장이 되지 않는 비급여 상태였으나 2022년 7월 드디어 환자 부담 30퍼센트의 선별 급여화가 결정되었다. 아팔루타마이드 역시 2023년 4월 환자 부담 5퍼센트의 완전 급여화가 되었으며, 2023년 11월 현재 아비라테론 아세테이트, 엔잘루타마이드 모두 환자 부담 5퍼센트의 완전 급여화가 이루어졌다. 따라서 호르몬 반응성 전이성 전립선암 환자가 외래에 내원했을 때 과연 어떠한 약제 병합요법을 사용할지, 어떤 약제가 가장 우수한 치료 효과를 보일지 많은 고민을 하게 된다. 아직까지 근거가 매우 부족하기 때문이다.

나는 현재 건강보험의 지원을 받는 도세탁셀과 아비라테론 아세테이트 병합요법을 쓰고 있는데(연구를 수행할 당시에는 급여권에 두 가지 약제만 있었다), 이 두 약제의 선택 기준을 적용하는 것이 고민이었다. 우리 연구실의 강점인 유전체 분석, 특히 유전자 발현과 관련한 '전사체(transcriptome) 분석을 통한 분자 아형 분류[molecular subtype: 전통적인 병리학적 또는 면역조직학적 분류가 아닌 (암)세포의 분자생물학적 유전자 발현 특성에 따른 분류를 의미함]를 수행'하고 이를 기반으로 '각 약제별로 치료 반응에 차이를 보이는 분자 아형을 가려낼 수 있을 것'이라는 가설을 세우고 연구를 수행하게 되었다.

삼성서울병원에서 도세탁셀 및 아비라테론 아세테이트를 각각 투여받은 52명의 호르몬 반응성 전이성 전립선암 환자의 조직을 이용하여 RNA 시퀀싱 분석을 수행하고, 이를 활용하여 분자 아형을 구분한 후, 각 약제별 반응성이 분자 아형에 따라 차이가 나는지를 규명하고자 했다.

우선 RNA 시퀀싱 분석을 위해서는 각 환자의 암 조직에서 총RNA(total RNA) 추출이 필요하다. 전향적으로 환자를 모집하는 것이 아니므로 후향적으로 대상 환자를 찾고, 조직검사를 시행하고 남은 잔여물에 대해 포르말린 고정 파라핀 블록 (formalin-fixed paraffin-embedded block, FFPE: 절제된 조직은 병리학적 검사나 분자유전학적 검사를 위해 장기간 절제 당시의 상태에서 보관하는 작업이 필요하며, 이를 위해 포르말린이라는 용액으로 조직을 고정시킨 후, 파라핀을 이용해 조직 상태 그대로 경화시키는 과정을 거쳐 블록 형태로 만들게 된다. 이후 매우 얇은 조직 슬라이드 표본으로 만드는 작업을 거친 후 병리 진단 등에 사용한다)으로 제작된 사례를 찾은 다음 총RNA를 추출했다. 이후 삼성유전체연구소에 의뢰하여 RNA 시퀀싱을 수행했고, 52명의 환자는 유전자 발현 패턴(또는 전사체 특성)에 따라 두 개의 분자 아형으로 분류되었다.

두 가지 분자 아형 중, 특히 2번 아형(subtype 2)에 속한 환자들이 1번 아형(subtype 1)에 속한 환자들에 비해 치료 후 예후가 좋지 않았다. 두 가지 분자 아형에 속한 환자군 간의 임상 병리학적 특성에는 통계적으로 유의한 차이가 없었기 때문에 분자 아형이 예후에 차이를 보이는 보다 근본적인 이유를 시사한다고 생각되었다. 특히 2번 아형의 경우 도세탁셀이든 아비라테론 아세테이트든 상관없이 1번 아형에 비해 예후가 유의하게 나쁜 것으로 분석되었다. 흥미롭게도 아형별로 나누어 각각의 약제에 대한 반응을 살펴본 결과, 1번 아형에서는 두

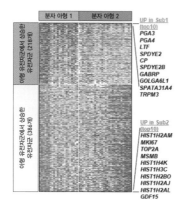
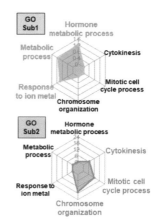

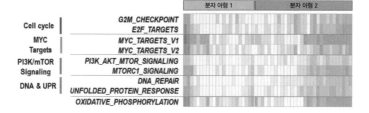

그림 5-1 호르몬 반응성 전립선암 환자 샘플의 RNA 시퀀싱 분석에 따른 분자 아형 분류 및 유전자 발현 특성 비교 분석 결과(위). 붉은색을 띨수록 유전자군의 발현이 증가하는 것을 의미하고, 파란색을 띨수록 발현이 낮은 것이다. 아형 1과 2의 발현 패턴이 서로 다른 것을 직관적으로 확인할 수 있다. 아래 그림은 유전자 세트의 발현 특성을 비교하기 위한 단일 샘플 유전자 세트 증폭 분석(single sample Gene Set Enrichment Analysis)이다. 좌측은 유전자 기능별로 묶은 유전자 세트 이름이다. 해당 세트의 우측이 각각의 하위 유전자 세트 이름이며, 해당 하위 유전자 세트들은 관련한 유전자들의 집합으로 구성되어 있다. 주황색이 강할수록 해당 유전자 세트의 발현이 강한 것을 의미하여, 푸른색이 강할수록 발현이 저하되어 있는 것이다. 아형 2의 경우 전반적으로 좌측의 유전자 세트 발현이 아형 1에 비해 증폭된 것을 알 수 있다.

약제 간 예후에 차이가 없었지만 2번 아형에서는 아비라테론 아세테이트에 대한 반응이 도세탁셀에 비해 확연히 떨어지는 결과를 관찰할 수 있었다.

호르몬 반응성 전이성 전립선암 환자에서 아비라테론 아세테이트의 효과를 처음 입증한 LATITUDE 연구에서 환자의 영상의학적 무진행 생존(치료 시작 후, CT 스캔 또는 뼈 스캔 등 영상의학적 검사에서 병의 진행이 관찰되지 않는 기간)의 중위값은 33개월 정도였던 데 반해, 2번 아형에 속한 환자 그룹의 경우 아비라테론 아세테이트 사용 후, 영상의학적 무진행 생존의 중위값이 약 11개월에 불과할 정도로 매우 나쁜 예후를 보인 것이다. 이는 임상적으로 매우 중요한 발견이다. 따라서 2번 아형에 해당하는 분자 아형을 가진 환자에서는 아비라테론 아세테이트와 같이 남성호르몬을 표적으로 하는 약제는 사용을 피해야 한다는 추정을 해볼 수 있는 것이다.

환자 수가 52명에 불과하므로 보다 많은 환자를 상대로 검증 연구를 수행해야 한다. 하지만 실제 진료 현장에서 생겨난 질문으로 가설을 세우고, 이를 입증하기 위해 '전사체 분석을 통한 분자 아형 분류'라는 중개연구를 수행함으로써, 특정 분자 아형이 특정 약제에 대한 반응성이 매우 낮다는 새로운 발견을 하게 되었다. 이는 다시 임상에서 약제를 선택하기 위한 과학적 근거로 활용할 수 있는 계기를 마련했다는 점에서 임

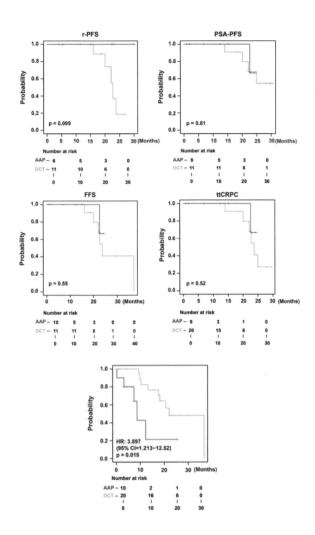

그림 5-2 1번 아형에서 치료 약제에 따른 무진행 생존 그래프(AAP: abiraterone acetate, DCT: docetaxel)와 2번 아형에서 치료 약제에 따른 무진행 생존 그래프. 위의 네 그래프는 생존 곡선상에 유의한 차이가 없고, 맨 아래는 DCT에 비해 AAP로 치료한 환자군이 생존이 유의하게 나쁜 결과를 보인다.

5장 생명과학자의 질문, 의사의 답

상의과학의 관점에서 매우 의미 있는 사례라고 본다. 진료실에서 환자를 보면서 생겨난 질문에서 연구의 영감을 얻는 것은 의사과학자만이 할 수 있는 매우 특별한 경험이다.

현재의 진단 및 치료 기술로도 해결하거나 이해하기 어려운 질병의 복잡성을 마주하면서 의사로서 좌절감과 무력감을 느낄 때가 있다. 이것이 의사과학자로서 해답을 찾기 위해 더욱 치열하게 노력하게 되는 동기가 된다. 임상의사로서의 역할로부터 의사과학자의 역할로 이어지는 일련의 과정을 통해, 기초과학자나 임상의사가 접할 수 없는 희열과 성취감을 맛볼 수 있다고 생각한다.

2021년 여름, 외래 진료실에 20대 후반의 젊은 여성 환자가 내원했다. 몇 달 전부터 좌측 복통 및 혈뇨(소변에 피가 섞여 나오는 증상)와 함께 복부에 덩어리(종괴)가 만져지는 증상이 있었으나 바쁜 회사 생활 때문에 병원을 찾을 엄두를 못 냈다고 한다. 증상이 악화되다 보니 주변의 손에 이끌려 방문했는데, 복부 CT 결과 좌측 신장 전체를 침범하는 17센티미터가량의 신장암이 이미 신장 정맥을 타고 대정맥까지 퍼져 종양 혈전을 이루고 있는 상황이었다(신장의 크기는 대개 9~11센티미터다).

그 밖에도 후복강 내 다발성 림프절 전이도 의심되는 상황이었다. 젊고 건강한 환자였기 때문에 수술적 치료를 하면 항암 치료와 병행할 경우 충분히 완치까지도 기대해볼 수 있는 상황이었다. 급하게 결정하고 일곱 시간에 걸친 대수술을 시행했다. 종양이 워낙 크고 주변으로의 침윤이 심각한 상황이었다. 출혈이 많아 15팩 이상을 수혈할 정도로 암과의 사투를 벌였다. 이틀간의 중환자실 치료 후 다행히 회복이 빨라 수술 열흘째에 무사히 퇴원할 수 있었다. 하지만 수술 한 달 뒤 시행한 복부 CT는 절망적이었다. 원발 부위 암은 잘 제거되었지만, 수술 전에 미세하게 의심되었던 간 전이가 급격하게 진행되어 간을 포함한 폐에 다발성 전이가 발생했고, 기존에 관찰되던 후복강 내 림프절 전이 또한 악화되었다.

절제한 암의 조직검사 결과 Xp11 전위(Xp11 translocation)라는 특정 유전자의 결함에 의해 발생하는 매우 드문 형태의 신장암으로 판명되었다. 특히 젊은 사람에게 잘 생기는 것으로 알려져 있는데 마땅한 치료제도 없는 상황이었다. 한 달이라는 짧은 기간 동안 보이지 않던 암세포들이 폭발적으로 증식하고, 다른 장기로 다발성 전이가 급격히 진행될 정도로 악성화가 심해진 것이다. Xp11 전위 자체가 매우 공격적인 성향이 있기 때문에 재발과 전이가 흔하긴 하지만 이렇게까지 공격적인 경우는 처음이었다.

일곱 시간에 걸친 대수술, 15팩 이상의 수혈과 중환자실 치료 등을 거치며 의사와 환자 모두 암과의 사투를 무사히 이겨

수술 전 복부 CT 스캔	수술 후 1개월째 복부 CT 스캔

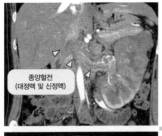 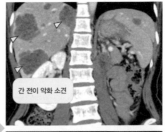

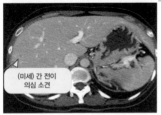 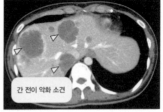

그림 5-3 수술 당시 신장암 절제 조직(우측) 및 수술 전후 복부 CT 스캔 비교. 위쪽의 두 이미지는 CT에서 관상 단면(Coronal view)이라고 부르는데, 사람을 앞에서 본 그림으로 이해하면 된다. 사진 우측에 보이는 것이 실제 환자의 좌측(좌측에 보이는 것이 실제 환자의 우측)이다. 수술 전 복부 CT를 보면 좌측 신장에 암이 존재함과 동시에 신장으로부터 나오는 신장 정맥에서 대정맥에 이르기까지 종양 혈전(종양이 혈관을 따라 자라 들어가면서 혈액이 함께 뭉쳐서 혈전을 만드는 현상)이 형성되어 있다(노란색 화살표). 종양 혈전이 더 커지면 대정맥을 따라 심장까지 자라 들어갈 수 있다. 수술 후 1개월째 CT를 보면 신장은 깨끗하게 절제되어 있으나, 간(사진의 좌측에 위치)에 다발성 전이 병변이 매우 커져 있다(노란색 화살표). 아래쪽 CT 사진은 환자의 발 쪽에서 머리 쪽을 바라보고 단층촬영한 사진으로 이해하면 된다. 사진의 좌측이 간인데, 수술 전에는 미세 간 전이 의심 소견이 있었다(노란색). 수술 후 1개월째에 까맣게 보이는 전이 의심 병변이 매우 커져 있는 게 보인다(노란색 화살표).

냈다고 알고 있었다. 결과는 예상과는 정반대였기에 어떻게 환자와 보호자에게 설명해야 할지 난감하고 좌절감만 들 뿐이었다. 그럼에도 의사과학자의 정체성을 가진 의사로서 단순히 임상적 관점에서 예상치 못한 안타까운 결말에 고개를 숙이고 있을 수만은 없었다. Xp11 전위와 같이 유병률이 드물지만 매우 공격적인 유형의 암들은 연구도 잘 안 되어 있고 치료 약제도 거의 없는 상황이다. 앞으로 이런 희귀 암종을 보다 집중적으로 연구하고 새로운 치료 표적을 발굴해서 포기할 수밖에 없던 환자들을 기적적으로 살려내고 싶다는 강한 열망을 느꼈다. 다시 말하자면, 중개연구야말로 이와 같은 희귀 난치 질환에 대한 해결의 실마리를 줄 수 있는 유일한 길이라고 생각한다.

5장 생명과학자의 질문, 의사의 답

6장

면역 항암제의
시대

임상에서의 실질적 경험을 기초연구에 접목하는 중개연구는 어떤 식으로 이루어질까? 실제 사례들을 보면 이해가 더 잘될 것이다. 우선 단계에 따른 암 치료의 일반적인 과정을 간략히 짚고 넘어가도록 하자.

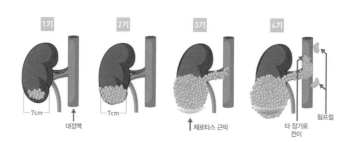

그림 6-1 신장암을 예로 든 암의 병기. 우측 신장을 나타내고 있으며, 노란색 원형 종괴가 암에 해당한다.

103

암의 단계는 통상적으로 전이가 없으면서 암이 주변부로 벗어나지 않은 상태인 국소 암(대체로 1~2기에 해당), 전이는 없지만 암이 어느 정도 진행하여 주변부를 침윤하는 수준에 도달한 국소 진행성 암(3기 정도), 그리고 타 장기로 원격 전이가 발생한 전이암(가장 진행된 상태인 4기)으로 구분할 수 있다. 국소 암의 치료는 대부분 수술적 절제나 방사선 치료로 충분히 가능하며, 경우에 따라 고주파나 냉각 요법과 같은 국소 치료(focal therapy)를 하기도 한다. 국소 진행성 암은 수술적 절제가 가능한 경우는 수술을 하게 된다. 수술 이후 재발률이 높기 때문에 이를 예방하기 위해 보조 방사선 또는 보조 항암화학요법 등의 추가 치료를 하는 경우가 흔하다.

전이가 발생했을 때는 이미 전신에 암세포가 퍼졌을 것으로 간주하여, 수술이나 방사선 치료와 같은 원발 부위 치료는 의미가 없으므로 표적 치료제(암의 성장이나 진행, 또는 암세포 주위 신생 혈관의 생성과 관련한 신호전달경로를 선택적으로 차단하는 방식의 항암제), 항암화학요법(고전적인 항암제로, 주로 암세포의 DNA에 직접적으로 작용하여 세포분열을 저해함으로써 세포독성을 유발하는 약제) 또는 면역 항암제[암세포를 공격하는 방식의 기존 항암제와는 달리 항암작용을 가진 체내 면역세포(주로 종양 침윤 CD8$^+$ T세포)의 활성을 회복, 강화시키는 방식의 항암제] 등의 전신 치료제가 치료 과정의 핵심 역할을 하게 된다.

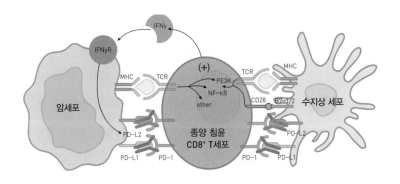

그림 6-2 Anti-PD-1(옵디보) 항체의 작용 기전.

　　최근 다양한 암 치료에서 각광받고 있는 면역 항암제[또는 면역관문 억제제(immune checkpoint inhibitor). 대표적으로 세포예정사 단백질-1(Programmed cell death protein-1, PD-1) 억제제인 옵디보가 있다]는 전이가 발생한 신장암의 전신 치료제로서도 그 효과를 인정받고 있으며, 신장암 치료에 패러다임의 변화를 가져왔다.

　　신장암에서 면역 항암제 효과는 2015년 처음으로 3상 임상시험을 통해 검증되었다. 1차 표적 치료제에 저항성을 보인 환자들에서 면역 항암제인 옵디보[니볼루맙(nivolumab)]를 투여했을 때, 기존의 2차 치료제인 mTOR 저해제[아피니토, 에베로리무스(everolimus)] 대비 치료 반응률이 20퍼센트 정도 높았으며(옵디보 25퍼센트 대 아피니토 5퍼센트), 환자의 생존 기간

6장 면역 항암제의 시대

도 6개월 정도 연장 효과(옵디보 25개월 대 아퍼니토 19.6개월)를 보였다. 이후 2018년 1차 치료제로서도 기존의 표적 치료제인 VEGFR 저해제[수니티닙(sunitinib), 수텐] 대비 주요 면역관문 단백질(우리 신체의 면역 시스템은 활성화 시스템과 억제화 시스템 사이의 적절한 균형을 통해 항상성을 유지하는데, 면역관문 단백질은 주로 CD8$^+$ T세포의 활성 억제에 관여하는 것으로 알려져 있다)인 CTLA-4와 PD-1을 차단하는 약제인 이필리무맙[ipilimumab(여보이)]과 니볼루맙(옵디보) 병합요법의 치료 효과가 우수한 것으로 입증되었다. 이로써 면역 항암제는 전이 신장암의 표준 치료로 자리 잡게 되었다.

면역 항암제의 효과가 기존 표적 치료제에 비해 15~20퍼센트 이상 높은 치료 반응률(40~60퍼센트의 종양 감소 효과)을 보이고, 10퍼센트 정도에서는 암의 완전 관해(complete response, 영상의학 검사에서 병의 증거가 완전히 사라진 완치 상태)가 유도되는 등 매우 고무적인 결과를 보이는 것이 사실이다. 또한 한번 면역 항암제에 반응을 잘한 환자에서는 치료효과가 장기간 지속되는 것이 특징이다. 심지어 부작용으로 약제를 중단한 경우에도 치료 효과가 오랜 기간 지속됨으로써 2차 치료제로의 전환이 필요 없는 환자의 비율도 표적 치료제 대비 15~20퍼센트 높다. 3등급 이상의 중한 치료와 관련해서도 부작용의 빈도나 삶의 질 개선 면에서 기존의 표적 치료제보다 유리하다는 점에서 혁신적 항암 치료제로 여겨지고 있다.

면역 항암제의 치료 효과 사례

진료 현장에서 면역 항암제의 효과를 엿볼 수 있는 예를 살펴보면, 면역 항암제의 혁신성을 이해하는 데 도움이 된다.

첫 번째 사례는 63세 남성 환자다. 급체로 응급실에 내원하여 시행한 복부-골반 CT 스캔에서 우측의 대정맥 종양혈전을 동반한 10센티미터 크기의 커다란 신장암이 발견되었다. 불행하게도 신장암이 이미 폐로 다발성 전이가 일어난 상태였기 때문에 수술적 치료가 아닌 전신 항암 치료를 우선해야 하는 상황이었다. 신장암에서 면역 항암제 사용이 국내에 승인된 지 얼마 되지 않았기 때문에, 환자에게 충분히 치료 효과의 우수성을 설명한 후 면역 항암제(당시에는 급여가 되지 않아 상당히 고가의 치료였다) 투여를 결정했다. 여보이와 옵디보로 면역 항암제 병합요법을 시행했으며, 3주 간격으로 4회 투여를 한 후에 치료 효과를 판정하기 위해 찍은 복부-골반 CT 스캔 및 흉부 CT 스캔에서, 놀랍게도 신장암 자체는 50퍼센트 이상 감소했으며, 다발성 폐 전이도 대부분 크기가 감소하여 1센티미터 미만으로 측정되었다.

이후 면역 항암제를 3개월 유지했을 때 폐 전이는 거의 소실되어 보이지 않았다. 신장암 역시 3센티미터가량으로 확연히 줄어 있는 소견을 보여, 완전 관해를 달성하기 위해 수술적 절제를 시행했다. 병리 검사 결과 놀랍게도 감소한 신장암 내부에는 죽은 세포들만 존재했으며, 살아 있는 암세포는 전혀 보이지 않는 pT0의 소견을 보였다. 이후 면역 항암제 투여를 종결하고 추적 관찰만 하고 있으며, 여전히 재발 소견 없는 완전 관해 상태를 유지하고 있다.

두 번째 사례는 더욱 극적인 경우다. 42세 남성으로, 3개월 전부터 관찰된 10킬로그램의 체중 감소가 있었고, 복부에서 커다란 종괴가 만져져서 내원했다. 신장 자기공명영상(MRI)에서 우측 신장에 16센티미터가량의, 우측 복강 대부분을 차지하고 있는 매우 큰 신장암이 발견되었다. 그뿐 아니라 우측 신정맥을 포함하여 대정맥 내부에 심한 종양혈전이 동반되어 있었고, 흉부 CT에서 다발성 폐 전이 및 흉수가 발생한 상황이었다. 환자는 체중 감소가 심하고 식사를 거의 하지 못해 도저히 수술을 받을 수 없는 상태였다. 따라서 우선 신장 조직검사를 시행한 후에 비보험이지만 치료 효과가 우수한 면역 항암제(키트루다와 인라이타 병합요법) 투여를 결정했다.

환자는 1년간의 면역 항암제 치료 후, 폐에 존재하던 다발성 폐 전이 및 흉수가 깨끗하게 소실되어 완전 관해에 가까운 소견을 보였으나, 신장의 거대 종양 크기는 큰 변화가 없었다. 오히려 대정맥 내의 종양혈전은 더욱 심해져 우심방 입구에까지 이르는 상황이었다. 이에 대정맥 내의 종양혈전을 포함한 우측 신장암을 완전히 제거하기 위해 수술을 시행했고, 다행히 신장암 및 우심방에 이르는 종양혈전을 제거하는 데 성공했다. 이후 병리 검사에서 놀랍게도 16센티미터의 거대 종양 및 대정맥 내의 우심방에 이르는 심각한 종양혈전 상태였음에도 불구하고, 내부에 살아 있는 암세포가 전혀 없이 모두 괴사한 상태인 pT0로 확인되었다.

사실 면역 항암제가 아닌 표적 치료제를 사용할 당시에는, 위와 유사한 사례에서 종양 자체나 종양혈전 내에 암세포들이 대부분 괴사하지 않고 살아 있는 채로 발견된다. 이로 인해 수술 이후에도 재발이 흔하게 일어나고, 결국에는 병이 빠르게 진행되어 사망에 이르는 안타까운 일이 많다. 그러나 기존의 표적 항암제 시대에는 경험하지 못했던 완전 관해라는 꿈의 치료 결과를 면역 항암제 시대에는 실제 환자를 통해 경험할 수 있었다. 면역 항암제가 앞으로 암 치료의 중심이 될 것임은 자명해 보인다.

그러나 면역 항암제 시대에도 여전히 10~20퍼센트의 환자는 약제 자체에 즉시 저항성을 갖는 내인성 저항성(intrinsic resistance)을 보인다. 40~70퍼센트의 환자는 치료 과정에서 약제에 대한 저항성(acquired resistance)이 나타난다. 따라서 치료 시작 전에 약물에 대한 반응이 좋을 것으로 예상되는 환자와 그렇지 않은 환자를 정확히 구별하여 예측하고, 이를 기반으로 어떤 환자에서 어떤 치료 조합을 적용할지를 선택할 수 있는 새로운 접근 방식이 절실한 상황이다.

그러나 신장암에서는 기존 면역 항암제의 바이오마커로 잘 알려진 종양변이부담[tumor mutation burden, TMB: 종양세포 내의 유전자 돌연변이 수를 의미하며, 1Mb(mega base pair, 베이스페어는 유전자를 이루는 핵심 성분인 핵산을 구성하는 염기쌍을 의미한다. 메가는 100만을 지칭하는 단위다. 즉 1Mb는 100만 개 염기쌍의 크기를 의미한다)당 검출된 모든 종양 돌연변이의 개수를 수치화한 값]이나 PD-L1 발현량(조직 슬라이드를 이용하여 종양 내 또는 종양 침윤 면역세포에서 발현하는 면역관문 단백질인 PD-L1의 발현량을 면역화학염색으로 측정) 등이 바이오마커로서의 효용성이 낮은 것으로 알려져 있다.

또한 전이 신장암의 예후를 예측하는 임상 모델인 국제 전이 신장암 데이터베이스 컨소시엄(International Metastatic Renal cell carcinoma Database Consortium, IMDC: 캐나다 톰 베이커 암센터의 대니얼 헹 교수와 미국 데이나파버 암연구소의 토니 추에이리 교수의 주도로 2009년 시작된 국제 다기관 연구 모임으로, 전 세계 15개국에서 40여 개 기관이 10년 이상 참여해 전이 신장암 환자 1만 1000명의 임상 자료를 수집한 대규모 컨소시엄이다)의 위험 모델은 면역 항암제가 아닌 표적 치료제를 사용했던 환자들의 임상 데이터에 기반한 예후 예측 모델이므로, 면역 항암제 시대에는 정확한 정보를 제시하기가 어렵다.

나는 신장암을 직접 치료하는 임상의사이므로 면역 항암제를 투여받는 신장암 환자의 암 조직을 쉽게 얻을 수 있다. 그러므로 암 조직 샘플을 활용하여 다양한 유전체 분석이나 $CD8^+$ T세포에 대한 면역학적 분석을 빠르게 할 수 있다. 신장암 환자의 암 조직을 획득하는 방법은 조직검사를 통해 얻거나 수술적 절제 시에 얻는 두 가지 방식이 가능하다.

면역 항암제를 투여받는 환자는 진단 당시에 이미 전이가 있는 상태로 수술적 치료보다는 전신 치료가 우선적으로 고려되므로, 확진을 위한 초음파 유도하 신장 조직검사를 시행하게 된다. 이때 연구 참여에 동의한 환자에 한해 신장 조직검사 시에 연구용 목적으로 추가 암 조직을 획득한다. 일부 환자에서는 전신 치료 전이나 치료 중에 선택적으로 근치적 신장 적출술을 시행하게 된다. 앞서와 마찬가지로 연구 참여에 동의한 환자에 한해, 수술적 절제 후 체외로 나온 신장암 조직을 육안으로 확인하여 일부 절제를 하고(대개 3×3센티미터 크기) 이를 분석에 이용하게 된다.

111

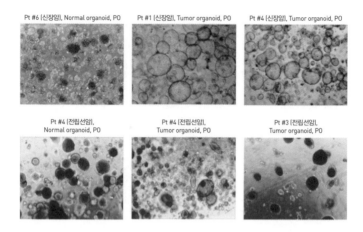

Pt #6 [신장암], Normal organoid, P0   Pt #1 [신장암], Tumor organoid, P0   Pt #4 [신장암], Tumor organoid, P0

Pt #4 [전립선암],   Pt #4 [전립선암],   Pt #3 [전립선암],
Normal organoid, P0   Tumor organoid, P0   Tumor organoid, P0

그림 6-3 신장암 환자 유래 오가노이드(위)와 전립선암 환자 유래 오가노이드(아래). 'Pt'는 환자(patient)를 뜻하고, 'Normal organoid'는 암조직 주변의 정상 조직 유래 신장, 또는 전립선 오가노이드를 말한다.

우리 연구실에서는 자체적으로 다양한 유전체 분석을 수행한다. 동시에 국내 유수의 기초연구자들과 공동연구를 하며 임상의사로서 갖는 여러 과학적 물음에 대한 답을 기초·중개 연구를 통해 얻고자 노력 중이다. 내가 운영하는 중개유전체학 및 생물정보학 연구실(Translational genomics & bioinformatics laboratory)은 2023년 현재 박사후연구원 2명, 삼성융합의과학원(대학원) 학위 과정 학생 8명, 석사급 연구원 2명으로 구성되어 있다.

암유전체 분석을 전담하는 생명정보학팀과 환자 유래 암 오가노이드 제작 및 분자실험을 전담하는 기초실험팀으로 나뉘어 있기 때문에, 유전체 분석과 분자실험팀이 효율적으로 협업해나가는 장점이 있다. 유전체 분석과 분자실험팀이 볼 수 없는 임상적 미충족 수요와 실제 환자에서의 적용 가능성 등 임상적 관점은 내가 끊임없이 피드백을 줌으로써 궁극적으로는 임상, 유전체 분석, 분자실험의 세 파트가 유기적인 연결을 통한 시너지를 만들어내고 있다. 만약 내가 기초 생명과학에 대한 지식이나 유전체 분석 기술 등에 대한 이해가 없었다면 아마 이런 방식의 의과학 연구를 수행하기가 매우 어려웠을 것이다.

7장

국내의
의사과학자들

우리나라에서 활동하는 좋은 의사과학자의 모델을 짧게 소개하고자 한다. 각 전문 분야별로 우수한 의사과학자들이 활동하고 있으며, 기초연구를 접목한 중개연구를 수행하는 방식 또한 다양하고 스펙트럼이 넓다. 임상의사이면서 기초연구에 뜻을 가지고 세계적인 수준의 중개연구를 수행하는 1세대 의사과학자들이 존재해왔으며, 임상과 기초연구의 경계를 넘나들며 활약하는 우수한 의사과학자들이 현재 각 대학병원에 많이 포진해 있다.

여기서는 내 전문 분야인 암을 전공하는 의사(M.D.)이면서 전일제 박사 과정을 통해 이학 또는 공학박사(Ph.D.) 학위를 얻은 연구자 중, 개인적 친분이 있는 이들에 국한하여 소개하

117

고 있음을 밝혀둔다.

면역 항암제 저항성 극복 기술

차의과대학 분당차병원 종양내과 김찬 교수는 암에 대한 내과적 치료를 담당하는 전문의다. 나와 마찬가지로 전문의 취득 후에 KAIST 의과학대학원에서 암혈관 신생에 대한 기초연구를 수행했으며, 세계적인 암 분야 학술지인《캔서셀(Cancer Cell)》에 학위 논문을 발표했을 정도로 뛰어난 연구자다. 해당 연구에 대한 공로로 '분쉬 젊은의학자상'을 수상하기도 했다. 박사 학위 취득 후에 임상으로 복귀하여 신장암, 방광암 등의 비뇨기종양과 대장암 환자에 대한 항암 치료를 담당하고 있다.

김찬 교수는 면역 항암제의 작용이나 저항 기전 및 새로운 면역 항암 표적 발굴을 연구하는 면역 종양(immune-oncology) 분야를 주로 파고들고 있다. 최근 기존 면역 항암제와의 병합 요법을 통해 치료 반응성을 획기적으로 향상시키는 기술을 검증함으로써 미국 암학회 및 해외 유명 학술지에 그 연구 결과를 발표하는 성과를 얻기도 했다.

한 예로, 김찬 교수는 외래에서 주로 진료하는 대장암 환자

118

중 표적 치료제에 반응이 좋은 간 또는 폐 전이 사례와 달리, 복막으로 암세포가 퍼진 복막 전이 환자가 표적 치료제나 면역 항암제에 대한 반응이 나쁘다는 사실에 주목했다. 흥미롭게도 대장암 복막 전이 동물모델에서, 대장암이 복막으로 전이되는 과정에서 복강 내 면역억제 기능을 가진 M2 대식세포(macrophages)의 증식과 함께 (종양 침윤) CD8+ T세포(cytotoxic CD8+ T cell)의 수가 적을 뿐 아니라, 면역관문 단백질의 급증,

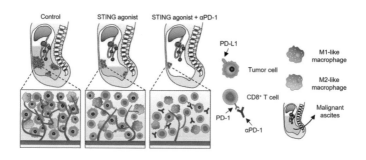

그림 7-1 대장암 복막 전이 동물모델에서 스팅 촉진제(STING agonist)와 면역 항암제 병합요법의 효과. 그림의 복강 내부 붉은색 덩어리들이 복막 전이된 암세포의 군집을 의미하는데, 아래 그림을 보면 우측의 세포에 대한 표기를 참고할 때, '대조군(control)'의 경우 과형성된 혈관 주변으로 암세포 외에 M2 대식세포(M2 like macrophage)가 많고 CD8+ T세포 빈도가 적은 상황이다. 우측의 스팅 촉진제 단독 투여군은 대조군 대비 복막 전이 세포들이 줄어든 것이 확인되는데, 이는 과형성된 혈관의 감소와 함께 M2 대식세포 감소가 있는 반면, M1 대식세포 및 T세포의 증가가 관찰되는 것이다. 병합군의 경우에는 스팅 촉진제 단독군보다 더욱 복막 전이가 감소해 있으며, 확대해서 보면 암세포는 대부분 소실되었고, M2 대식세포도 사라져 있으며, 이상 혈관들 역시 거의 남아 있지 않은 것으로 확인된다. 반면 M1 대식세포 및 CD8+ 세포(종양을 죽이는 T세포)의 빈도가 크게 증가했다.

| 대조군 | PD-1 blockade (면역 항암제) | mJX594 (항암 바이러스제) | 면역 항암제, 항암 바이러스제 병합요법 |

그림 7-2 대조군에서 매우 커져 있는 복막 전이 종양 덩어리(흰색 테두리)가 면역 항암제, 항암 바이러스제 각 투여에서 일부 감소하는 양상을 보이며 면역 항암제, 항암 바이러스제 병합요법에서는 대부분 사라져 있는 것을 알 수 있다.

종양 주변 혈관의 과형성 및 구조 변화에 따라 T세포의 종양 살해 기능이 매우 감소해 있다는 사실을 입증해냈다.

따라서 면역 항암제를 투여하더라도 종양면역반응 자체가 떨어질 수밖에 없는데, 이를 극복하기 위해 스팅(stimulator of interferon genes, STING) 신호전달경로를 활성화시키는 스팅 촉진제(agonist)를 PD-1 억제제와 동시에 투여했다. 그 결과 면역억제 M2 대식세포의 감소, M1 대식세포로의 리프로그래밍, 종양 주변 과형성된 혈관의 정상화 및 이에 따른 CD8+ T세포의 침투능 증가 등이 유도됨으로써, 종양 주변 미세 환경(microenvironments)이 면역 항암제에 잘 반응하는 형태로 변화되는 것을 실험적으로 규명했다. 즉, 면역학적으로 차가운 종양(cold tumor)인 복막 전이가 스팅 신호전달경로를 활성화시킴으로써 T세포의 침윤이 증가된 뜨거운 종양(hot tumor)으로 변화한 것이다.

한편, 스팅 촉진제라는 방법 외에도 암세포만 선택적으로 공격하는 항암 바이러스 치료제인 mJX-594(JX)라는 새로운 약제를 면역 항암제와 병합 투여함으로써, 복강 내 기능이 저하되었던 CD8⁺ T세포와 수지상세포의 면역반응을 회복시킬 수 있음을 확인했다. 대장암의 복막 전이 및 이에 동반한 복수 생성이 현저히 억제되는 효과를 보였으며, 특히 PD-1 억제제와 병합 투여를 했을 때, 대장암 복막 전이 동물모델에서 암의 크기가 85퍼센트 이상 줄고, 복수 또한 95퍼센트 이상 감소되는 놀라운 결과가 관찰되었다.

진단과 치료를 동시에

치명적인 난치성 질환 중 하나인 뇌종양을 치료하는 신경외과 전문의인 삼성서울병원 정규하 교수도 KAIST 의과학대학원 바이오및뇌공학과에서 박사 학위를 취득한 의사과학자다. 정규하 교수가 주력하는 분야는 진단(diagnosis)과 치료(therapy)를 동시에 가능하게 만드는 첨단의학 기술인 테라그노시스(theragnosis)다. 조기 발견이 어려운 질환을 특수한 형광 물질로 분자 수준에서 탐색함으로써 빠르게 진단하는 동시에,

나노입자 수준의 치료 약물을 붙여서 치료를 할 수 있는 혁신 기술이다.

악성 뇌종양은 약물저항성과 치료 후 재발률이 높아 5년 생존율이 5~30퍼센트에 불과한 것으로 알려져 있다. 정규하 교수 연구팀은 뇌종양을 포함한 17개 암종으로 진단된 환자 2만 3000여 명의 유전체 데이터를 분석하여 악성 뇌종양 환자의 98퍼센트에서 특이적으로 발현되는 단백질(extradomain

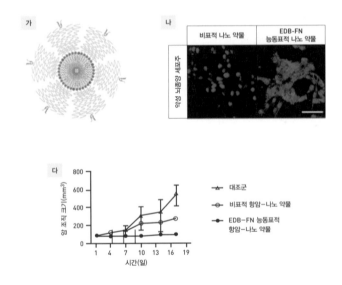

그림 7-3 (가) 개발 EDB-FN 능동표적 항암 나노 약물의 모식도. (나) 붉은색 형광체를 포함한 비표적 나노 약물 비교, EDB-FN 능동표적 나노 약물의 향상된 악성 뇌종양 약물 전달능 확인 결과(스케일바: 100마이크로미터). (다) 비표적 항암 나노 약물 비교, EDB-FN 능동표적 항암 나노 약물의 향상된 암 억제능 확인 결과.

B of fibronectin, EDB-FN)을 발견했다. 특히 EDB-FN 단백질이 높게 발현되는 환자군이 EDB-FN 단백질이 낮게 발현되는 환자군에 비해 악성 뇌종양의 진행 위험도가 다섯 배가량 높다는 사실을 알아냈다. 그뿐 아니라 나노-약물 전달 기술을 이용하여 EDB-FN 단백질에 선택적으로 결합하여 작용하는 항암-나노입자를 개발하기도 했다. 나노입자의 특성상 뇌혈관장벽 또는 뇌혈관 종양 장벽을 통과하여 뇌종양세포에 특이적으로 약물을 전달함으로써(이는 마치 유도미사일이 목표물을 정확히 타격하는 것과 같은 효과다), 동물실험을 통해 항암 치료 효과를 크게 향상시킴을 규명했다.

해당 연구는 대표적 난치성 질환인 악성 뇌종양에서 진단 및 치료를 동시에 구현할 수 있는 바이오마커 기반 나노 약물 치료제 개발이라는 혁신적 성과를 인정받아 제약 분야 최고 권위 국제 학술지 중 하나인 《테라노스틱스(Theranostics)》에 표지논문으로 게재되었다.

종양내과 의사인 김찬 교수는 임상 현장에서 수많은 암 환자를 진료하면서, 기존의 치료제로는 포기할 수밖에 없던 대장암 복막 전이라는 난치 질환에 주목했다[이를 의학적 미충족 수요(medical unmet needs)라고도 한다]. 그는 "왜 면역 항암제라는 뛰어난 치료제에 반응성이 떨어지는가?"를 의사과학자의 시선으로 바라보고 이해하고자 했다.

123

신경외과 의사인 정규하 교수는 고난도의 악성 뇌종양 수술을 집도하며 환자를 치료하는 과정에 재발이 잦고 약물저항성이 높은 질환 앞에서 현재 치료 기술의 한계를 피부로 느낄 수밖에 없었을 것이다. 하지만 좌절하지 않고 의사과학자로서 악성 뇌종양의 완치라는 꿈을 실현하고자 새로운 개념의 치료법을 개발하기 위한 중개연구를 수행하게 되었다.

의학적 미충족 수요에서 도출된 질문에 대한 해답을 중개연구라는 방식을 통해 분자 수준에서 규명하고, 새로운 치료 전략을 찾아낸 일련의 과정은 의사과학자의 역할을 가장 잘 보여주는 모습이 아닐까 생각한다. 즉, 환자의 치료 과정에서 얻은 과학적 질문을 해결하려고 의과학 연구를 수행함으로써 면역 항암 치료의 새로운 병합요법 기술 및 작동 원리를 발견하게 된 것이다. 이는 단순히 환자의 임상 지표나 임상적 결과에만 주목했다면 미처 발견하지 못했을 것들이다. 과거에는 기초 생명과학 연구 결과를 실제 임상에 적용하기까지 매우 오랜 시간이 걸렸다. 이와 달리 의사과학자가 의과학 연구를 통해 발견한 기초연구 결과를 본인이 치료하는 암 환자에게 새로운 치료법으로써 시도해볼 수 있다는 점에서 매우 큰 파급력이 기대된다.

신약 개발 과정이 얼마나 험난하고 시간이 오래 걸리는지는 그림 7-4에 잘 나타나 있다. 치료의 표적이 되는 타깃 유전자(또는 단백질)를 발견하고, 이를 표적으로 하는 신약 후보물질을 발굴하는 단계인 기초연구 단계를 거쳐, 생체 외(in vitro, 세포주 모델 등) 및 생체 내(in vivo, 동물모델)에서 치료 효능을 입증하기 위한 전임상시험을 거치게 된다. 이 과정이 단계별로 짧게는 2~3년, 길게는 4~5년이 걸릴 수 있다. 전임상에서 입증된 신약 후보물질은 이제 사람을 대상으로 하는 임상시험을 통해 효과를 입증해야만 한다. 임상시험에 들어가기 전, 식

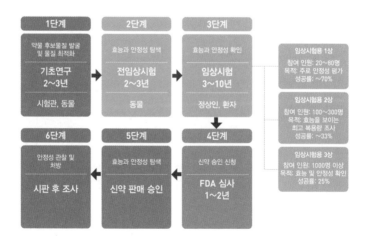

그림 7-4 신약 개발 과정.

약처에 임상시험용 신약(investigational new drug, IND) 신청을 거친 후에 시험 개시가 가능하다.

이후 정상인 20~80명을 대상으로, 약물의 안전성 및 적정 투여량을 결정하기 위한 임상 1상(phase 1)을 거친다. 그런 뒤 환자 100~300명을 대상으로, 약제의 효과 및 부작용에 대한 초기 평가에 해당하는 임상 2상(phase 2)으로 진입하게 된다. 마지막으로 신약에 대한 식약처 허가 및 진료 지침상 가장 높은 단계의 근거인 카테고리 1(category 1)로 진입하는 데 가장 중요한 임상 3상(phase 3) 시험이 남아 있다. 이 시험은 1000명 이상의 대규모 환자를 대상으로 이루어진다. 임상 1상, 2상, 3상 시험에 단계별로 2~5년의 시간이 소요된다. 전임상 단계까지 4~5년, 임상시험에 5~10년을 고려하면, 총 10~15년의 긴 시간이 필요하다.

의사과학자는 후보물질을 탐색하는 과정에서 이미 임상시험으로의 진입을 고려한 의학적 미충족 수요를 중심으로 판단한다. 그뿐 아니라 후보물질을 발굴한 이후 직접 임상시험을 디자인하고 환자를 모집할 수 있다는 장점이 있다. 그러므로 보다 효율적이고 빠른 속도로 신약 개발 단계를 추진할 수 있다.

종양내과 전문의인 김이랑 박사는 다양한 고형암 환자의 항암 치료를 활발히 하고 있는 의사다. 동시에 새로운 항암 치료제를 발굴하기 위한 바이오벤처 온코크로스사의 설립자 겸 대표이사로도 활동하고 있다. 즉, 임상의사이자 의과학 분야의 최전선에서 바이오 연구와 사업을 동시에 하는 의사과학자다. 김이랑 박사 역시 내과 전문의 취득 후에 KAIST 의과학대학원에서 암세포에 형광물질을 부착하여, 특정 파장의 레이저를 조사함으로써 선택적으로 형광물질이 부착된 암세포만을 사멸시키는 레이저 광화학 치료(photodynamic therapy)라는 새로운 암 치료 분야의 연구를 수행했다.

이러한 경력을 바탕으로 암세포뿐 아니라 정상세포까지 공격하는 기존 항암제(항암화학요법이나 표적 치료제)의 한계를 뛰어넘는 항암 치료제 개발과 바이오마커를 개발하기 위한 벤처 회사인 온코크로스사를 창업했던 것이다. 김이랑 박사는 직접 환자에 대한 항암 치료를 적극적으로 하고 있었기 때문에, 현재 통용되는 표적 치료제나 면역 항암제와 같은 최신 약제에서 극복해야 할 현안을 매우 구체적으로 파악할 수 있다는 장점이 있다. 앞서 언급한 의학적 미충족 수요다.

또한 종양내과 의사라는 인적 네트워크를 바탕으로 여러 기관의 임상의사들과도 협업이 수월한 편이다. 회사에서 수행한 기초연구의 성과를 직접 임상시험으로 연계할 수 있는 접근성이 일반 바이오벤처에 비해 유리한 셈이다. 신약 또는 새로운 바이오마커를 발굴할 경우 각 병원과의 공동연구 파이프라인을 통해, 기관윤리심의 준비 단계에서부터 임상 연구 수행 개시 및 환자 등록에 이르기까지 기존의 기초연구자들은 상상하기 어려울 만큼 빠른 임상시험으로의 진입이 가능하다는 점에서 잠재성이 크다고 본다.

김이랑 박사는 KAIST 재학 당시 세계 수준의 연구 중심 대학 육성사업(WCU)의 일환으로 하버드 의대 윤석현 교수의 지도를 받으며 미국에서 연수를 했다. 당시 윤석현 교수 연구실에 박사후연구원으로 있던 최진우 박사(현 경희대학교 약학대학 교수)를 만나 유전체 빅데이터를 활용한 신약 개발 바이오 벤처 창업을 구상했다고 한다.

빅데이터 개념은 1990년대에 전 세계적으로 인터넷 사용자가 확산되면서 수많은 정보가 발생하고 공유되는 과정에서 정립되기 시작했다. 크게 ① 데이터 규모(volume), ② 데이터 수신 및 처리 속도(velocity), ③ 데이터 종류의 다양성(variety)이라는 3v의 특성을 가진 데이터 세트를 의미한다. 최근에는 3v에 더하여 데이터의 정확성(veracity)과 가치(value)를 더해 5v로 정의된다.

예로 들어서 넷플릭스는 고객의 취향에 맞춘 특정 콘텐츠를 추천하는 서비스를 제공한다. 이러한 맞춤형 추천 알고리즘이 바로 빅데이터 분석에 기반한 것이다. 전 세계 넷플릭스 이용자가 약 1억 5000만 명에 달한다고 한다. 이들의 나이, 성별, 지역 등을 포함하여 영화나 드라마 시청 기록과 시청 시간 등 다양한 정보를 수집하고 분석함으로써, 이용자별 취향을 저격하는 추천 알고리즘을 제공할 수 있다. 이는 넷플릭스의 최대 강점 중 하나로 매출 향상에 크게 기여하는 것으로 알려져 있다.

유전체 분야에서 빅데이터란 전장 유전체 시퀀싱(whole genome sequencing), 전장 엑솜 시퀀싱(whole exome sequencing), 전사체 및 후성 유전체 등 다양한 유전체 분석을 통해 생성된 대용량의 데이터를 가리킨다. 유전체 빅데이터 생산은 2007년 차세대 염기서열 분석 기술의 도입으로 분석 속도가 획기적으로 향상되고 비용이 절감되었기에 가능한 일이었다. 암유전체 분야에서는 NIH에서 약 1조 원을 투자해 33개 암종을 포함한 1만 1000명의 암 환자로부터 암 조직의 돌연변이, 복제수 변이(copy number alteration), 유전자 발현량, DNA 메틸화(methylation) 및 마이크로 RNA 발현에 대한 약 2.5페타바이트의 유전체 데이터를 생산한 암유전체 아틀라스(The Cancer Genome Atlas, TCGA) 프로젝트가 유전체 빅데이터의 대표적 사례라고 할 수 있다.

김이랑 박사는 평균 15~20년의 긴 시간과 조 단위 비용이 드는 반면 성공 확률은 0.01퍼센트에 불과한 신약 개발에 직접 뛰어드는 것이 아니라, 기존에 이미 개발된 약이지만 전임상시험에서의 성공적 효능 검증과 달리 임상시험에서 유의한 효과 입증에 실패함으로써 적절한 적응증을 찾지 못한 약물들을 활용한다. 가장 적절한 새로운 적응증을 찾는 '약물 재조합(drug repositioning)' 기술에 주목함으로써, 실패의 리스크를 줄이는 방식을 사용하는 것이다. 유전체 및 임상 빅데이터를 활용하기 때문에 필연적으로 초창기부터 AI 기술에 주력했다. 그 덕에 요즘 각광받고 있는 'AI 빅데이터 분석 기술을 활용한 신약 개발'이라는 새로운 바이오 분야의 개척자가 될 수 있었다.

AI 빅데이터 분석 기술을 이용하면 방대한 양의 데이터에서 유의한 패턴을 빠른 속도로 도출할 수 있다. 그전에는 노하우를 쌓은 수많은 전문가가 참여하여 많은 시간과 노력을 들이던 일이다. 그뿐 아니라 인공지능은 스스로 학습하면서 이를 기반으로 새로운 판단이나 예측을 한다. 신약 개발에 AI 빅데이터 기술을 활용하면 신약 개발 과정에서 많은 시간이 소요되는 과정 중 하나인 후보물질 발굴 기간이 크게 단축된다. 다양한 환자의 임상 및 유전체 정보에 기반한 고품질의 예측 데이터를 제시함으로써 신약 임상시험의 성공률 또한 높일 수 있을 것으로 예상한다.

바이오벤처인 온코크로스사에서는 AI 분석 기술을 이용하여, 근감소증(sarcopenia) 치료를 위한 신약 후보물질 OC-

501/504를 발굴하여 동물실험으로 효과를 입증했다. 2020년 7월 한국파마로의 기술 이전에 성공했고, 현재 미국에서 근감소증 치료제 임상시험을 준비하고 있다고 한다. 최근 기술성 평가에서 AA를 획득하여 코스닥 상장을 위해 박차를 가하고 있는 온코크로스의 김이랑 대표는 한 매체와의 인터뷰에서 "연구를 위한 연구가 아닌, 환자에게 정말 필요한 것을 만드는 회사여야 한다는 점을 가장 중요하게 생각한다. 암 환자들을 진료하면서 많은 이가 근감소증으로 고통받지만 치료제가 없어 대증치료만 할 수밖에 없음이 안타까웠다. 그렇게 개발한 후보물질이 인공지능으로 사전에 좋은 결과가 나와 기술을 이전했다"라고 말했다.

앞선 사례에서와 마찬가지로, 본인이 직접 환자를 치료하면서 의학적 미충족 수요를 발견했다. 그리고 '많은 암 환자가 근감소증으로 고통을 받고 있는데, 어떻게 하면 근본적으로 이를 해결할 수 있는가?'라는 질문을 던지고, 이를 의사과학자의 시선으로 풀어내고자 했다. AI 기술과 유전체 빅데이터를 활용하여 근감소증을 치료할 수 있는 신약을 발굴하고 세포주 및 동물실험으로 규명하는 중개연구를 수행함으로써, 질문에 대한 답을 성공적으로 찾아낼 수 있었다. 의과학 연구에 있어 기초연구만 하는 과학자(의학적 미충족 수요를 알기 어려움), 임상만 담당하는 의사(의학적 미충족 수요에 대한 해결책을

알기 어려움)와 달리, 환자를 진료하는 동시에 기초연구를 수
행하는 의사과학자(의학적 미충족 수요와 이에 대한 해결책을 연결
할 수 있음)가 필요한 이유를 잘 보여주는 사례다.

의사과학자들의 활약상

자세히 싣지는 못했지만, KAIST 의과학대학원에서 함께 수학
한 동기들 중 서울아산병원 이준엽 교수(안과 전문의로 망막 질
환 환자들을 주로 치료하고 있으며, 황반변성 신약 개발을 주제로 노
바티스 혁신 연구 지원 사업을 수행하는 등 망막 질환과 관련한 다양
한 기초연구를 수행 중), 아주대학교병원 장전엽 교수(이비인후과
전문의로 두경부암 환자들의 치료를 담당하고 있으며, 두경부암의 발
생 및 전이 기전을 비롯한 혈관, 림프절 전이 관련 연구를 수행 중)와
KAIST 의과학대학원 오지은 교수(피부과 전문의로 박사 취득 후
예일 대학에서 박사후연구원을 지냈다. 그 뒤 의과학대학원 교수로 일
하고 있으며, 기억 B세포의 고유한 특성 및 이질성을 주제로 삼성미래
기술육성사업을 수행하는 등 피부 질환을 비롯한 다양한 선천면역 질
환계 연구를 하고 있음) 등이 각 임상 분야별 의사과학자로 활동
중이며, 향후 해당 분야를 이끌어갈 대표적인 연구자로 성장
할 것으로 기대된다.

국내에 의사 출신 기초의과학자는 적지 않다. 그런데 대부분 의과대학을 졸업한 후 임상 수련을 받지 않고, 기초의학 교실에서 박사 과정을 거친 비임상의사다. 따라서 의과대학에서 의학을 배우긴 했지만 다양한 질환에 전문성을 갖춘 임상의사의 지식이 부족하고, 환자의 진단과 치료에서 맞닥뜨리는 수많은 의학적 미충족 수요를 알고 질문 던지기가 여의치 않다. 앞으로의 의과학은 십수 년의 세월을 거쳐 기초연구에서의 발견이 임상으로 뒤늦게 진입하던 방식에서 탈피하여, 기초연구 결과를 발 빠르게 임상시험으로 이행하는 쪽으로 발전할 것이다. 그리하여 새로운 바이오마커나 신약 개발의 속도를 더욱 높이는 방향으로 나아갈 것으로 예상한다.

심지어 워낙 다양한 약물이 개발되고 경쟁이 치열해지다

그림 7-5 임상의사와 기초과학자의 사이를 잇는 의사과학자의 역할.

7장 국내의 의사과학자들

보니 기초 수준에서의 기전 연구 없이 임상시험을 통해 신약의 효능을 우선 입증하고, 즉시 임상으로 진입한 다음 그 이후에 분자 수준의 기전 연구를 하는 방식으로 변화하는 추세다. 따라서 기초 생명과학 또는 기초의과학이나 임상시험의 중요성 못지않게, 기초과학과 임상시험을 효율적으로 연결하는 의사과학자의 이행자 역할이 그 어느 때보다 중요해질 것이다. 환자를 진료하고 치료하는 동시에 기초의과학을 전문적으로 병행할 수 있는 의사과학자가 많이 양성되어야 하는 이유다.

8장

정밀의료
프로젝트

현대의학의 눈부신 발전으로 과거에는 난치병으로 알려진 여러 병이 정복됐으며, 현재도 많은 질병을 치료할 신약이 활발하게 개발 중이다. 2001년 5월, 당시로서는 불치의 병에 가까웠던 만성골수백혈병 환자에게 '기적의 신약'으로 불리는 글리벡(이마티닙)이라는 표적 항암제가 미국 식약처의 승인을 받았다. 만성골수백혈병은 필라델피아 염색체(Philadelphia chromosome, 9번 염색체의 *BCR* 유전자가 22번 염색체의 *ABL* 유전자와 합쳐진 *BCR-ABL* 유전자를 특징으로 한다)를 지닌 조혈모 세포들이 비정상적으로 증식하면서 골수 내에 존재하는 모든 단계의 세포가 비정상적으로 과도하게 증식하여 생기는 질환이다.

필라델피아 염색체로 만들어진 BCR-ABL 티로신 키나아제(tyrosine kinase)가 과활성화되면서 세포분열이 비정상적으로 빨라진다는 점에 착안하여, 이를 선택적으로 억제할 수 있는 티로신 키나아제 억제제인 글리벡을 개발했다. 15퍼센트였던 만성골수백혈병 환자의 생존율이 95퍼센트에 이를 정도로 극적인 향상을 보인 동시에, 암세포만을 선택적으로 공격하는 특성 때문에 부작용은 상대적으로 적다는 장점이 있다.

암 치료에서도 고식적인 항암화학요법에서 표적 치료제, 면역 항암제로 이어지는 새로운 치료제의 개발로 그 어느 때보다 암 정복에 대한 희망이 현실로 다가왔다. 과거에는 완치가 불가능한 것으로 여겨졌던 시한부 전이암 환자에게 면역 항암제를 투여하여 완치를 경험하는 사례가 점점 증가하고 있다. 하지만 실제 임상에서는 여전히 암이라는 질병 앞에서 의사들은 무력감을 느낄 때가 많다. 대규모 3상 임상시험 결과를 근거로 새로운 치료제를 발 빠르게 도입하고 있지만, 많은 의사는 여전히 '데이터'는 그냥 '데이터'일 뿐이며, 어떤 환자가 새로운 치료제에 어떻게 반응할지 예측하고, 환자 맞춤형 치료를 실현하는 것은 여전히 어렵다고 토로한다.

2015년 1월 미국 버락 오바마 대통령이 백악관 연두교서에서 향후 총 2억 달러(한화 약 2500억 원)의 예산을 투입해 '정밀의학 이니셔티브(precision medicine initiative)'를 추진할 것이라고 발표했다. 그러자 '정밀의학' 또는 '정밀의료'라는 말이 화두가 되었다. 정밀의료는 '파괴적 혁신' 이론으로 유명한 클레이튼 M. 크리스텐슨 교수가 2008년 발표한 저서《파괴적 의료혁신》에 최초로 등장한 용어다. 이후 2011년 미국 국가과학기술연구회(National Research Council)가 발행한 보고서〈정밀의료를 향하여(Toward Precision Medicine: Building a Knowledge Network for Biomedical Research and a New Taxonomy of Disease)〉에서 정밀의료로의 전환에 대한 강력한 근거를 제시했다. 이 보고서는 기존의 진단 및 치료 방식에서 탈피하여 분자생물학에 기반한 새로운 질병 분류법의 필요성과 유전체 및 단백질체 정보 등의 다양한 분자생물학적 데이터를 활용함으로써 최적의 맞춤형 진단과 치료를 제공하는 것을 정밀의료의 핵심으로 제시했다.

일반적으로 질병 분류법은 세계보건기구에서 확립한 국제질병분류(ICD)를 사용한다. ICD는 전 세계적으로 100년 이상 질병의 발생률이나 유병률을 추적하거나 임상에서 표준화된 진단의 기초로 활용돼왔다. 하지만 이는 포괄적 개념에서 질병을 분류하는 시각이다. 동일한 질병에 속하더라도 분자생물학적 수준에서는 매우 다른 특성을 보일 수 있으며, 동일한 치료에서도 매우 다른 결과로 이어질 수 있다.

ICD 코드 기준 C50에 해당하는 유방암은 유전자 발현 패턴에 따라 다섯 가지 분자 아형으로 분류한다(luminal A, luminal

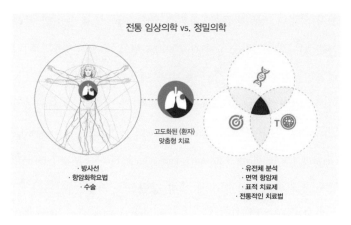

전통 임상의학 vs. 정밀의학

고도화된 (환자)
맞춤형 치료

· 방사선
· 항암화학요법
· 수술

· 유전체 분석
· 면역 항암제
· 표적 치료제
· 전통적인 치료법

그림 8-1 전통 임상의학과 정밀의학의 비교.

B, HER2, Basal/triple-negative, Normal breast-like). 유방암이라는 표현형은 동일하지만 각각의 특징이 다른데, HER2 양성 유방암의 경우 항암 치료에는 반응성이 낮고 재발이 잦은 반면, *HER2* 유전자를 선택적으로 공격하는 표적 치료제인 허셉틴에는 좋은 반응성을 보인다. 삼중음성(triple negative) 유방암의 경우 대부분의 항암제에 반응성이 좋지 않고, 재발률이 높아 예후가 매우 불량한 특성이 있다.

폐암에서도 유전체 분석의 발전에 따라 기존의 조직학적 분류 방식에서 최근에는 각 조직학적 유형별로 암 발생의 핵심 역할을 하는 운전자 돌연변이(driver mutation)에 기반한 분류 체계로 점차 발전하고 있다. 각각의 운전자 돌연변이를 선

140

택적으로 공격하는 표적 치료제를 적용하는 방식이다. 이처럼 진단과 치료의 패러다임이 변화하고 있다. 따라서 기존의 ICD 기반이나 조직학적 분류에 국한하지 않고 환자의 유전 정보, 단백질 정보, 대사체 정보 등 다양한 분자생물학적 데이터에 바탕을 둔 새로운 질병 분류 및 이에 따른 맞춤형 치료의 중요성은 더욱 커질 것이다.

정밀의학 이니셔티브 계획

'정밀의학 이니셔티브' 계획은 100만 명 이상의 대규모 코호트를 구축하고 이들의 생활환경, 습관, 직업, 임상 진료 기록 등의 자료와 유전체 등 생물학적 데이터를 통합적으로 분석함으로써 질병의 원인 발견, 예방, 나아가 환자 맞춤형 신약 개발의 근거를 마련하는 '정밀의학사전'을 만드는 것이 최종 목표다. 이처럼 미국에서 정밀의학에 대규모 투자를 하겠다고 대대적으로 선언한 이후, 다른 나라들 또한 정부 주도의 대규모 정밀의료 프로젝트를 발표하고 있다.

2018년 12월 영국에서 10만 명의 암 환자 및 희귀질환 환자의 유전체 해독을 목표로 한 '10만 게놈 프로젝트(100K Genome Project)'에 성공했다고 발표했다. '10만 게놈 프로젝트'는 데이비드 캐머런 영국 수상이 직접 주도했다. 2012년 총 3억 파운드(약 5200억 원)를 투자해 지노믹스 잉글랜드를 설립하여 10만 명의 암 또는 희귀 유전병 환자에서 전장 유전체 시퀀싱 데이터를 수집 및 분석한 첫 국가 단위 정밀의료 프로젝트로, 2013년부터 2018년까지 5년간 수행되었다.

환자들의 유전체 정보뿐 아니라 전자 의무기록 및 다양한 임상 데이터를 아우르는 빅데이터를 기반으로 암 또는 유전 질환 환자들을 위한 새로운 진단법 및 치료법을 개발하는 것을 최종 목표로 삼았다. 요즘 의학 분야에서 큰 화두가 되는 주제도 바로 '정밀의료'다. 특히 환자의 임상정보 외에 유전체 정보와 같은 분자생물학적 데이터를 적극적으로 활용한다는 점에서 의과학의 역할이 당연히 커질 것이다.

국내에서도 정밀의료에 대한 관심이 커지고 있는 만큼, 대규모 유전체 분석 프로젝트가 활발하게 진행 중이다. 울산과학기술원(UNIST)을 중심으로 2015년부터 '울산 1만 명 게놈 프로젝트(Korea10K)'가 시작되었다. 건강인 4700여 명, 환자 5300여 명 등 모두 1만 44명이 참여하고, 총사업비 180여 억 원이 투입된 대규모 사업이다. 2021년 4월, 1만 명의 유전체 분석을 완료함으로써 5년에 걸친 프로젝트를 성공적으로 마무리했음을 발표했다. 특히 한국인의 표준 유전자 변이 정보 데이터베이스를 성공적으로 확보했다는 점에서 의의가 크다고 할 수 있다. 향후 다양한 유전체 통합 분석을 통해 한국인의 유전질환을 보다 정밀하게 분석하기 위한 빅데이터로서의 역할이 기대된다.

일례로 바이오벤처인 클리노믹스는 UNIST, 울산대학교병원과의 협업을 통해 Korea10K 사업에 참여한 정상인과 심근경색 환자들의 유전자 변이를 분석한 결과, 기존에 알려지지 않은 심근경색 관련 유전자 변이 85개를 새롭게 발견했다. 이를 활용하여 심근경색의 발생 위험을 조기에 예측할 수 있는 바이오마커로 개발하는 중이다.

한편, 2016년 6월 출범한 K-MASTER 사업단(암 진단·치료법 개발 사업단)에 총 55개의 병원이 참여했다. 2020년 1월까지 8000여 명의 암 환자로부터 얻은 혈액 및 조직 샘플을 이용하여 유전체 분석을 수행했으며, 2021년까지 총 1만 158명의 암 환자 유전체 분석을 통한 프로파일링을 완료했다.

K-MASTER 사업은 폐암, 유방암, 위암, 대장암 등 한국인에서 흔히 발생하는 주요 암 환자들의 유전체 분석 결과에 기반하여 환자에 맞는 최적의 치료 약물 발굴을 위한 임상시험을 동시에 진행한다. 향후 국산 항암제 개발 및 정밀의료 기반 암 치료의 실현을 위해 매우 중요한 자산이 될 것이다.

예를 들면 약 20개의 유전체 기반 다기관 임상시험이 K-MASTER 사업으로 진행 중이다. 즉, 한국인 고형암 환자에서

143

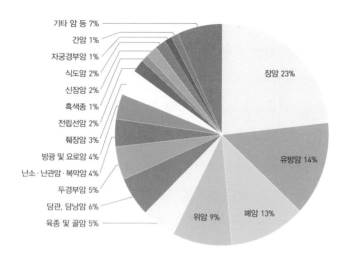

기타 암 등 7%
간암 1%
자궁경부암 1%
식도암 2%
신장암 2%
흑색종 1%
전립선암 2%
췌장암 3%
방광 및 요로암 4%
난소 · 난관암 · 복막암 4%
두경부암 5%
담관, 담낭암 6%
육종 및 골암 5%

장암 23%
유방암 14%
폐암 13%
위암 9%

그림 8-2 암종별 등록 현황(K-MASTER 사업단, 2021년 10월 31일 기준).

유전체 기반의 다기관 임상 연구, DNA 복구 유전자 결핍 또는 *POLE* 유전자 돌연변이가 있는 전이성 대장암에서 PD-L1을 차단하는 약제인 아벨루맙(avelumab)의 효능을 평가하는 다기관 임상 2상 연구, *HER2* 유전자 양성인 재발성 또는 전이성 요로상피세포암에서 허셉틴[트라스투주맙(trastuzumab)]과 파클리탁셀(paclitaxel) 복합 항암화학요법의 다기관 2상 연구 등이다.

9장

의과학 연구의
목표

의과학 연구는 질병을 다루기 때문에 환자를 떼어놓고는 생각하기 어렵다. '실험실에서 침대로(bench to bedside)'는 너무도 많이 인용되어 상투적이기까지 하지만 의과학을 연구하는 이들에게는 최종 목표라고 할 수 있는 구호다. 미국 국립암연구소에서 제공하는 사전의 정의에 의하면 'bench to bedside'는 기초실험실에서 수행된 연구 결과와 발견을 환자의 진단이나 치료에 활용할 수 있는 새로운 방법을 개발하는 일련의 과정을 의미한다.

1968년 5월《뉴잉글랜드저널오브메디신》의 편집장이 해당 호에 소개된 두 편의 논문을 설명하기 위하여 "Bench-Bedside Interface"라는 용어를 처음으로 사용한 이래, 1999년 미국 NIH에서 B2B 프로그램, 즉 'bench-to-bedside 프로젝트'를 통한 연구비 지원 시스템을 설립하게 되면서 B2B는 의과학 연구 분야의 핵심 명제가 되었다. 신약을 개발하거나, 기존에 없던 새로운 진단법의 도입과 같은 거창한 일이 아니라 실제 진료 현장에 적용한 흥미로운 사례들을 살펴보면 '실험실에서 침대로'가 좀 더 피부에 와닿을 것이다.

2019년 11월경 아직 마흔이 채 되지 않은 젊은 남성이 병원을 찾았다. 곧 둘째가 태어난다고 했다. 평소에 매우 건강했다고 하는데, 한 달 전부터 우측 옆구리에 묵직한 통증이 느껴졌고, 최근에는 체중도 줄어 건강검진을 받았다. 그런데 초음파에서 12센티미터가 넘는 암이 신장에서 발견되었다. 더 기가 막힌 것은 이미 암이 폐와 임파선으로 너무 많이 퍼져 있어 치료가 어려울 정도여서, 기대여명이 6개월 정도인 시한부 선고를 받은 것이다. 신장의 원발암이 너무 크고 주변 혈관으로 암이 퍼졌을 뿐 아니라 전이가 다발성이어서 상황이 매우 절망적이었다.

어떤 치료도 반응이 좋지 않을 것으로 예상되었지만, 그래도 10퍼센트의 완치 가능성이 있는 면역 항암제를 권유했다. 보험이 되지 않아 비용적 부담은 있었으나 환자가 삶에 대한 의지가 매우 강했기 때문에 면역 항암제 투여를 결정했다.

미국 데이나파버 연구소의 엘리 밴 앨런(Elli Van Allen) 박사

진단 당시 복부 CT 스캔

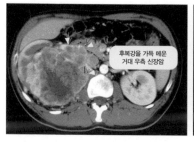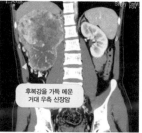

진단 당시 흉부 CT 스캔

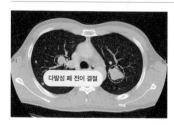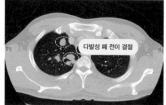

그림 9-1 (위) 환자 복부 CT, (아래) 환자 흉부 CT(다발성 폐 전이). 위 좌측 사진은 환자의 발에서 머리 쪽을 바라보고 단층촬영한 이미지로 좌측이 환자의 우측 신장을 나타낸다. 신장의 대부분이 암 덩어리로 변해 있는 상황이다. 우측 사진은 동일한 조건에서 환자의 앞쪽에서 뒤로 바라보고 단층촬영한 이미지다. 마찬가지로 사진의 좌측(환자의 우측 신장)은 암 덩어리가 매우 커져 있다. 아래 흉부 CT는 폐에 대한 흉부 CT로 환자의 발 아래에서 위로 바라보며 단층촬영한 이미지다. 원형의 회색 음영의 결절들이 신장암의 폐 전이 병소에 해당한다.

팀이 2018년 《사이언스》지에 발표한 연구 결과에 따르면, 면역 항암제를 투여받은 신장암 환자에서 *PBRM1*이라는 유전자에 돌연변이가 있는 경우 치료 반응이 우수한 것으로 나타났으며, 이는 이후에 발표된 후속 연구에서도 잘 검증되었다.

PBRM1 유전자에 돌연변이가 발생할 경우, *PBRM1* 유전자는 기능을 잃게 된다. 염색체의 구조를 조절하는 인자로 알려진 *PBRM1* 유전자의 기능 결함 및 이로 인한 특정 유전자들의 염색체 구조 변화가 면역 항암제 투여에 따른 CD8$^+$ T세포가 암을 더 잘 인지할 수 있는 환경을 만들게 됨으로써, 치료 효과는 오히려 좋을 수 있다는 흥미로운 연구 결과를 보여주었다.

특히 위 연구는 신장암에서 면역 항암제의 효능을 규명한 초기 1상 임상시험에 등록한 환자들의 혈액 및 조직을 이용하여 차세대 염기서열 분석을 수행하여 얻은 결과였다. 전장 엑솜 분석에 35명, 전사체 분석에 16명이라는 매우 적은 환자 수에도 불구하고 신장암 면역 항암제 치료 반응 예측을 위한 새로운 개념을 제시함으로써 《사이언스》라는 최고의 과학 잡지에 게재될 수 있었다.

2020년에는 신장암에서 면역 항암제의 효능을 최초로 보여준 3상 임상시험인 CheckMate 025 연구를 기반으로 한 대규모 유전체 분석 결과가 데이나파버 연구소의 토니 추에이리 박사 그룹의 주도로 《네이처메디신(Nature Medicine)》에 발표되었다. 역시 *PBRM1* 유전자의 돌연변이가 30퍼센트 정도에서 관찰되는데, 반응성이 우수한 환자들에서 더 흔한 것으로 나타났다. 생존율에서도 향상된 결과를 보여줌으로써, 앞선 연구 결과들을 지지하는 것을 알 수 있다.

나는 엘리 밴 앨런 박사팀의 연구 결과에 근거하여, 면역 항암제에 대한 반응성을 치료 전에 예측하기 위한 목적으로 환자에게 암 조직에서 차세대 염기서열 분석 검사(국내에서는 2018년 6월부터 3기 이상의 진행성 암 환자의 경우 NGS 검사에 대해 건강보험에서 50퍼센트 비용을 지원하는 방식의 선별 급여를 적용하고 있다. 주로 임상에서 활용되고 있는 NGS 방법은 500여 개의 암 관련 유전자의 돌연변이를 한 번의 검사로 확인할 수 있는 패널 시퀀싱 또는 타깃 시퀀싱 기법을 많이 사용한다)를 권유했고, 그 결과 *VHL*, *PBRM1*, *mTOR*, *TP53* 유전자 등에서 돌연변이가 발견되었다.

PBRM 유전자의 돌연변이가 관찰되었으므로 면역 항암제에 대한 좋은 반응성이 기대되었다. 예정된 3개월의 면역 항암제 투여 후, 복부와 흉부 CT 스캔을 시행했다. 놀랍게도 12센티미터가 넘고, 주변 혈관을 타고 대정맥까지 침범할 정도로 악성도가 심했던 원발암의 크기가 절반 이상 줄어들었으며, 주변 혈관을 침범했던 양상도 호전되었다. 더욱이 폐와 임파선에 다발성으로 퍼져 있던 암들이 크게 줄어들거나 소실된 것이 확인되었다.

이후 3개월간 추가 면역 항암제를 사용한 다음, 수술이 불가능할 것으로 여겨졌던 원발암을 적출하는 데 성공했다. 폐전이 또한 대부분 소실된 상태로 면역 항암제를 투여하고 있

면역 항암제 투여 전 흉부 CT 스캔

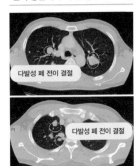

다발성 폐 전이 결절

다발성 폐 전이 결절

면역 항암제 투여 3개월째 흉부 CT 스캔

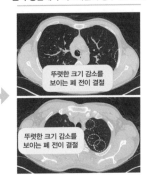

뚜렷한 크기 감소를 보이는 폐 전이 결절

뚜렷한 크기 감소를 보이는 폐 전이 결절

면역 항암제 투여 전 복부 CT 스캔

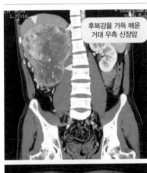

후복강을 가득 메운 거대 우측 신장암

후복강을 가득 메운 거대 우측 신장암

면역 항암제 투여 3개월째 복부 CT 스캔

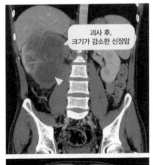

괴사 후, 크기가 감소한 신장암

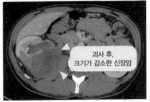

괴사 후, 크기가 감소한 신장암

그림 9-2 (위) 면역 항암제 투여 전후의 다발성 폐 전이 변화. (아래) 면역 항암제 투여 전후의 신장 종괴의 변화. 위쪽의 흉부 CT를 보면 노란색 동그라미가 전이 병소인데 치료 전과 비교하여 크기가 확연히 감소했다. 아래쪽의 복부 CT 역시 사진의 좌측이 우측 신장암 부위인데, 치료 전에는 매우 커져 있던 암 덩어리가 치료 후 괴사가 일어나고(내부가 검게 변해 있음) 좌측 종양 대비 크기가 유의하게 줄어든 것을 알 수 있다.

152

다. 엘리 밴 앨런 박사팀의 연구 결과를 토대로 한 암유전자 검사 결과가 면역 항암제 반응성을 정확히 예측한 사례였다. 이는 기초연구의 결과를 기반으로 실제 임상에 접목하여 환자의 치료 행위에까지 활용한 '실험실에서 침대로'에 대한 매우 고무적인 경험이었다.

하지만 모든 환자에서 성공을 경험하는 것은 아니다. 42세 여성 환자였던 것으로 기억하는데 원발 부위의 3기 이상 신장암으로 근치적 신장 절제술을 시행했고, 수술도 매우 성공적으로 마무리되어 무사히 잘 퇴원할 수 있었다.

그러나 불행하게도 3개월의 추적 관찰 결과, 암이 다발성으로 폐에 전이된 것이 확인되었다. 치료 효과가 가장 좋은 면역 항암제 투여를 결정했다. 환자는 아직 젊고 건강했으며, 특별한 기저 질환이 없었다. NGS 분석 결과, 앞서 환자와 마찬가지로 *PBRM* 유전자의 돌연변이가 확인되었기 때문에 면역 항암제에 대한 반응성이 좋을 것으로 기대됐다. 그러나 3개월간의 면역 항암제 투여 후 폐 전이는 더욱 악화되었으며, 약제에 대한 저항성이 있는 것으로 판단되어 2차 항암제로 변경할 수밖에 없었다. 이 여성 환자는 2차 이후의 약제에도 매우 불량한 반응을 보이고 병의 진행 속도가 빨라 결국 전이암이 발생한 지 1년 만에 사망에 이르게 되었다. 당시 좌절감과 안타까움은 이루 말할 수 없었다.

진단 당시 복부 CT 스캔

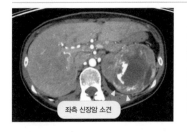
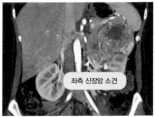

면역 항암제 투여 전 흉부 CT 스캔

면역 항암제 투여 3개월째 흉부 CT 스캔

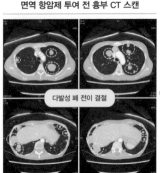
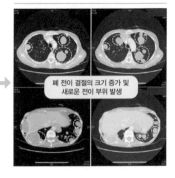

그림 9-3 위쪽은 복부 CT 사진(치료 전 영상)이다. 좌측 사진의 우측은 환자의 좌측 신장을 나타내며 신장암으로 인해 덩어리가 크게 관찰된다. 우측 사진은 동일한 환자의 앞에서 뒤로 바라보고 단층촬영한 이미지로, 역시 우측(환자의 좌측 신장) 신장의 윗부분에 큰 암 덩어리가 관찰된다. 아래쪽 흉부 CT 사진을 보면 면역 항암제 투여 전(before nivolumab)에 다발성으로 커져 있는 신장암 폐 전이 병소가 관찰되는데(노란색 동그라미), 치료 3개월 후 크기와 개수가 크게 증가된 것이 관찰되어, 치료에 반응이 없이 진행(progressive disease)한 것을 알 수 있다. 이를 내인성 저항성이라고 한다.

　이처럼 기초연구에서의 발견을 임상에 100퍼센트 완벽하게 적용할 수 있는 것은 아니다. 두 번째 환자 사례에서처럼

2부 환자 맞춤형 의료 서비스에서 신약 개발까지

PRBM1 유전자 돌연변이가 확인된 경우라 하더라도 면역 항암제 자체에 내인성 저항성을 보이는 경우가 드물지 않다. 반대로 *PBRM1* 유전자 돌연변이 여부와 상관없이 매우 효과적인 반응성이 관찰되는 환자들도 있다. 따라서 유전자 수준에서 단순히 돌연변이의 유무만으로 약물 반응성을 예측하지 않고, 보다 복합적인 관점에서 암유전체 분석을 수행하는 것이 중요하다. 특히 약물 반응성을 예측하기 위해 암 조직에서 유전자 집단의 발현 패턴인 전사체를 분석하고, 이에 기반해 분자 아형을 분류하는 방식이 각광받고 있다. 이를 위해 활용되는 NGS 기술이 RNA 시퀀싱이다.

세포 내에서 유전자가 실제 기능을 하는 단백질을 생산하기까지의 과정에서 RNA는 DNA의 정보를 받아 단백질로의 번역을 매개하는 역할을 하게 된다. 이때 세포 내에 존재하는 모든 유전자의 RNA 발현 패턴을 한 번에 분석할 수 있는 기술이 RNA 시퀀싱이다. 따라서 RNA 시퀀싱을 통해 약물 반응성이 좋은 반응군(responder)과 반응이 없는 비반응군(non-responder)으로 환자를 분류한다. 그런 다음 두 그룹 간의 유전자 발현 패턴을 분류함으로써 어떤 신호전달 체계가 주요하게 연관되는지를 분석할 수 있다.

최근에는 조직 전체를 통째로 분석하는 집단(bulk) 시퀀싱 방식이 아닌 세포 하나하나에서 유전자 발현량을 비교 분석함으로써 세포 유형별 유전자 발현 특성을 더욱 명확히 알아낼 수 있는 단일세포 유전체 분석(single cell sequencing) 기술이 각광받고 있다. 종양 이질성 문제와 같이 기존 기술로는 해결하기 어려웠던 문제들을 풀 새로운 열쇠로 기대를 모으고 있다.

종양과 면역세포 간의 상호작용, 이를 활용한 면역 항암제의 치료 방식에서 치료 반응성을 결정하는 것은 특정 인자만이 아니다. 유전자 돌연변이를 포함하여 종양세포의 유전자 발현 및 관련 신호전달경로의 활성화 패턴, 종양 주위 미세 환경과의 상호작용 및 후성 유전적 요소 등 다양한 인자가 복합적으로 관련되어 있다. 때문에 아직도 풀어야 할 숙제들을 던져주고 있으며, 그 해답은 결국 기초와 임상을 연결하는 중개연구를 통해 찾을 수 있을 것이다.

2019년 4월, 대한비뇨기종양학회에서 지원하는 40세 이하 젊은 연구자 단기 연수 지원 사업에 선정되어 바이오 연구의 메카로 불리는 미국 보스턴의 하버드 의과대학에 한 달간 단기 연수를 다녀올 수 있었다. 당시 유전체 연구를 막 시작하고자 준비하던 상황이어서, TCGA 프로젝트에 참여하여 암유전체 분야에 경험이 많은 하버드 의대 보스턴 어린이병원 유전체학과(Division of Genetics and Genomics)의 이은정 교수의 연구실을 방문하게 되었다.

한 달이라는 짧은 연수 기간 동안 연구를 수행하기는 어렵기 때문에, 연수의 목표를 보스턴에서 이루어지는 유전체 관련 연구의 최신 트렌드를 경험하는 것으로 삼았다. 연구실이 위치한 보스턴 어린이병원 주변으로 데이나파버 암연구소, 베스 이스라엘 디코네스(Beth Israel Deaconess) 메디컬 센터와 브리검 앤드 위민스(Brigham and Women's) 병원 등 세계 최고 수준의 병원이 클러스터를 형성하고 있었다. 각 병원에서는 기초·중개연구와 관련한 소규모 세미나 또는 컨퍼런스가 수시로 개최되어, 언제든 자유롭게 참가할 수 있었다.

20명 내외의 소규모 컨퍼런스임에도 불구하고, 세계적인 연구자가 모여 있는 만큼 해당 분야의 최고 권위자들(2019년 노벨상 수상자인 윌리엄 케일린 박사, 국제신장암 데이터베이스 컨소시엄 책임자인 토니 추에이리 박사, 암대사 연구의 권위자이자 2023 호암상 수상자인 마샤 C. 헤이기스 박사 등)의 직강을 들을 수 있었다. 국내 병원들은 임상과 관련한 컨퍼런스가 주를 이루며, 가끔 초청 강연이나 연례행사 수준의 기초연구 관련 심포지엄을 개최하는 데 그치기 때문에, 보스턴의 이런 문화가 부러웠다. 하루에 두세 개 컨퍼런스에 참석하여 강의를 들었는데, 당연히 조금만 늦으면 앉을 자리는 고사하고 서 있을 자리도 없을 만큼 열기가 뜨거웠다. 조금만 관심이 있다면 언제든 기초·중개연구 분야의 최신 연구 결과와 트렌드를 대가들로부터 직접 강의를 듣고 자유롭게 토론을 할 수 있는 문화야말로 보스턴이 가진 힘이 아닐까 생각했다.

세계 최고의 분자생물학 및 유전학 분야 연구기관인 화이트 헤드(White Head) 연구소에서 매년 4월 보스턴 시민들을 대상으로 과학 페스티벌을 개최한다. 그해에는 인간 발암 유전자 *Ras*와 최초의 종양 억제 유전자 *Rb*를 발견한 것으로 유명한 암생물학의 아버지 로버트 와인버그(《암의 생물학》의 저자) 교수의 특강이 열렸다.

그 자리에 참석한 인원의 절반 정도가 연구와는 무관한 암 환자나 환자의 가족 등 일반 시민이었다. 강의가 끝나고 토론에 적극적으로 참여하여 와인버그 교수에게 여러 가지 질문을 던졌는데 그 수준 또한 높았다. 이 도시 사람들이 과학을 대하는 자세가 열려 있고, 삶 자체에 과학이라는 학문이 자연스럽게 녹아 있다는 느낌을 받았다.

짧은 한 달간의 연수를 마치고 귀국하는 비행기 안에서 많은 생각이 들었다. 보스턴에서 경험했던 과학, 특히 생물학과 의과학 중심의 바이오클러스터에서 활발히 진행되는 기초·중개연구가 우리나라에서도 크게 활성화되고, 바이오 연구의 기초부터 후보물질 발굴, 치료제 개발 및 검증, 창업 및 사업화에 이르는 전 주기를 든든하게 지원할 수 있는 대규모 장비와 시설 인프라가 확충된다면 얼마나 좋을까.

어느 날 오후 외래나 수술이 끝난 뒤 잠시 틈을 내 병원 지하 1층 소규모 세미나실로 바쁘게 달려가 평소 관심을 갖고 있던 분야의 궁금증을 풀어줄 세계적 대가인 동료 교수의 강의를 맨 앞자리에서 흥미롭게 듣고 있는 내 모습을 상상해보았다. 아직은 임상 중심의 우리 의료계에서 갈 길이 멀게 느껴지지만, 머지않은 미래에 분명 현실이 될 것이라는 희망을 가져본다.

3부

의사과학자의
연구 현장

10장

우리나라에서
의사과학자로
살아가기

임상의사, 특히 대학에 몸담고 있는 임상의사(또는 임상교수)는 업무가 상당히 많은 편이다. 의사로서 병원에서 환자를 진료하는 동시에 의과대학 학생들과 병원의 수련의(인턴 및 전공의)를 교육하고 연구하는 업무까지 맡고 있기 때문이다. 나도 환자 진료 및 수술 업무가 하루 일과의 대부분을 차지하는데, 대개 일주일에 3회 외래 진료(오전 또는 오후 시간대의 진료를 각 1회로 본다)가 있고, 나머지 시간은 주로 수술을 하게 된다. 1회의 외래 진료 때 적게는 50명, 많게는 80명 정도의 환자를 진료하며, 수술은 2~2.5일을 하면서 한 달에 30~40건을 소화한다.

외래 진료와 수술이 없는 시간에 연구 관련하여 시간을 투자하는데, 주말을 제외하면 일주일에 적게는 반나절, 많게는

	월	화	수	목	금	토
오전	수술 (격주)	수술	외래	수술 (격주)	Lab meeting (연구 미팅)	외래 (월 1회)
오후	수술(격주)	수술	외래	수술	외래	

그림 10-1 주간 스케줄.

하루를 온전히 쓴다. 이렇게 따지면 임상 업무와 연구 업무가 대략 8 대 2, 많게는 9 대 1 정도로 임상 업무에 많은 시간을 쏟을 수밖에 없는 상황이다. 즉, 전적으로 연구에 몰입할 시간 적 여유가 부족하다.

우리나라의 의료 환경은 매우 독특하다. 전 국민 건강보험 이 적용되며, 소득에 비례해 건강보험료를 납부하지만 납부액 과 관계없이 모두가 동일한 의료복지 혜택을 받는다. 또한 암 환자나 희귀질환 환자와 같은 중증 환자의 경우 산정 특례 적 용을 받아 본인부담금은 5퍼센트만 내면 되는 등 국가로부터 의료비 보조를 많이 받을 수 있으므로 의료 접근성이 매우 좋 은 편이다. 한편, 상대적으로 저렴한 의료수가에 비해 의료 수 준은 매우 높기 때문에, 많은 환자가 수도권의 대형 병원으로 쏠리는 현상이 필연적으로 발생할 수밖에 없는 구조다. 지역 병원에서 충분히 치료가 가능한 질병임에도 소위 수도권 대 형 병원 선호 현상이 생긴다. 따라서 '빅5병원'은 언제나 대기 환자가 넘쳐나고, '3분 진료'가 어쩔 수 없는 상황이다.

대표적 의료 선진국인 미국은 의료보험을 국가가 아닌 사보험에 의존하는 구조다. 의료보험 가입 조건 자체가 까다롭고, 소득이나 개인의 질병 상태에 따라 보험료 역시 천차만별이다. 그뿐 아니라 미국인의 약 15퍼센트는 의료보장을 전혀 받지 못해 병원 접근성 자체가 떨어질 수밖에 없다. 의료비도 우리나라의 저수가 체계와는 비교가 안 될 정도로 고수가여서, 의사 1인당 외래 진료 환자 수나 수술 건수가 우리나라와 비교하여 매우 적은 것이 사실이다.

따라서 연구 기능을 가진 대학병원이라 할지라도 진료 부담이 매우 높아서 임상의사가 연구를 위해서는 별도의 개인 시간을 투자해야만 한다. 특히 기초 또는 중개연구를 위해서는 개인 랩(실험실)을 별도로 운영해야 하는데, 진료실과 수술실, 병동을 바쁘게 오가는 임상의사에게는 보통 일이 아니다. 육체적, 정신적으로도 큰 부담이 될 것은 뻔하다.

대학병원급 기관에서 수행하는 연구(주로 임상시험과 같은 임상 연구)는 크게 둘로 나뉘는데, SIT(sponsor initiated trial)와 IIT(investigator initiated trial)다. SIT는 대형 제약 회사 또는 바이오벤처 등에서 영리 목적 개발 상품의 유효성을 평가하기 위해 연구 수행을 연구자(병원 또는 의사)에게 의뢰하는 형태다. IIT는 연구자(의사)가 과학적 근거 마련을 위해 연구자 주도로 수행하는 연구다(SIT와 IIT는 정의상 임상시험을 설명하는 용어지만, 여기서는 편의상 기초·중개연구를 포괄하는 의미로 설명하고자 한다).

현재 내가 수행하는 연구는 개념적으로 대부분 IIT에 해당하며, 대략 여섯 가지 연구를 동시 진행하고 있다. 예를 들면, 수술적 치료를 받는 신장암 또는 전립선암 환자에게서 적출한 암 조직을 일부 얻은 후, 실험실에서 종양 오가노이드로 배양하고, 약물에 대한 반응 평가를 체외에서 수행하는 동시에, 관련한 분자 기전을 규명하는 연구를 수행하고 있다.

신장암과 전립선암에서, 현재까지 각각 200명 정도의 환자에서 얻은 암 조직 및 주변 정상 조직을 이용한 종양 및 정상 오가노이드 배양 연구를 진행했다. 또 면역 항암제를 투여받게 되는 전이 신장암 환자에서, 진단을 위한 조직검사 시 3~4코어(1코어는 침생검 시 채취되는 조직의 단위를 의미하며, 1센티미터 정도 길이의 조직량에 해당한다)의 암 조직을 추가로 획득하고, 치료 전 혈액 및 치료 후 1~2주째 혈액을 얻은 후, 단일세포 RNA 시퀀싱을 이용한 유전체 분석 연구를 수행하고 있다. 2023년 12월 현재까지 24명의 환자에서 초기 분석을 수행했고, 향후 50~100명의 환자에서 단일세포 RNA 시퀀싱 및 전장 엑솜 시퀀싱 분석을 할 계획 중이다.

대학병원급 기관에서 일하는 의사라고 해서 반드시 기초·중개연구를 하는 것은 아니다. 앞서 언급한 바와 같이, 새로운 약물이나 의료 기기의 유효성을 평가하는 임상시험이 임상의사들의 중추 역할이다. 반면, 기초·중개연구는 약물이나 의료 기기의 유효성 평가를 위한 임상시험에 진입하기 전인 전임상 단계(preclinical stage)에 해당하는 연구다. 전임상 단계에서 충분한 근거가 쌓이면 임상으로 진입하게 되는 것이다. 즉, 임상시험과 기초·중개연구는 역할이 다르다.

과거에는 임상의사들이 가장 마지막 단계에 해당하는 임상시험을 주로 수행했다면, 최근에는 임상시험으로의 진입 전 단계에서부터 아이디어를 내고, 근거를 쌓아나가는 가교 역할을 적극적으로 하고 있다. 대학병원은 기초연구를 위한 높은 수준의 시설을 갖춘 곳이 많지만 이는 공동 기기에 해당하며, 개별 연구자의 관심을 일일이 충족시켜줄 수는 없다. 따라서 기초·중개연구에 관심이 있는 임상의사들은 기초과학자들과 마찬가지로 본인이 책임 연구자(principal investigator)로서 독립적으로 실험이나 분석을 수행할 수 있는 랩을 꾸려야 한다. 그러기 위해서는 가장 먼저 실험을 수행할 연구원이 필요하다. 그 밖에 실험실, 실험 도구, 실험 기기, 재료, 시약 등의 인프라를 구축해야 한다. 무엇보다 이를 위한 재원 마련이 빠질 수 없다.

나는 2017년 삼성서울병원 비뇨의학과 교수로 첫발을 내디디면서 환자의 진료 및 수술 외에 남는 시간은 기초 및 중개연구를 할 수 있는 실험실을 꾸리는 데 온전히 쏟아왔다. 처음 시작은 한 명의 연구원과 하게 되었는데, 당시에는 실험실이라고 하기에도 부끄러울 만큼 아무런 기반도 없었기 때문에 막막할 따름이었다. 하지만 KAIST 박사 과정 동안 쌓은 기초연구 지식과 실험 경험을 바탕으로 여러 기초연구자와 협업을 이룰 수 있었다. 그 과정에서 국책과제 수주를 통해 연구에 필요한 종잣돈도 확보하게 되었다. 여전히 연구실 운영에서 가장 큰 난관은 부족한 시간이었다.

현재 연구실 운영을 위해 랩미팅(연구 진행 상황에 대해 발표하고 토의하는 시간)과 저널 미팅(기초연구 분야의 최신 논문 내용을 발표하고 토의하면서 함께 공부하는 시간)에 격주로 두세 시간을 쓰고 있다. 그 밖의 자투리 시간을 이용하여 학생들의 연구 결과 및 프로젝트 진행 상황을 정리, 점검하거나 공동연구자들과 온오프라인 미팅을 갖는다. 공동연구자들이 서울이 아닌 지방에 있을 때는 심지어 개인 휴가를 사용하면서까지 미팅을 하는 경우도 종종 생긴다.

랩 세팅 초기에는 기초연구자와 협업을 하기 위해서 이른바 발품을 팔아야 했다. 임상의사로서 품게 된 궁금증이나 샘플 확보 같은 문제를 해결하기 위해 KAIST에서 인연이 닿은 기초과학자들과 미팅을 잡고 논의하는 시간이 많았다. 여러 기초학술대회에 참석하여 인상 깊은 연구 내용을 발표한 연구자에게 무턱대고 이메일을 보내 내 비전과 공동연구의 필요성을 설명하기도 했다. 돌이켜 생각해보면 무모하기도 하고, 개인적인 연이 없던 상대 연구자 입장에서는 황당할 법도 한 일이었다.

그동안 10명이 넘는 연구팀과 공동연구를 수행해왔고 현재도 네 팀 정도의 기초연구자와 협업을 진행 중이다. 랩 초창기에는 임상의사로서 샘플을 제공하는 수준으로 공동연구를 진행했다. 그러나 지금은 샘플 제공뿐 아니라 전사체 분석이나 단일세포 RNA 시퀀싱 분석처럼 보다 전문적인 유전체 분석을 담당하거나, 종양 오가노이드 배양 및 약물 반응성 평가를 하는 등 독자적인 역할을 수행할 정도로 성장했다.

대부분의 기초연구자는 임상의사와의 협업에 호의적이고, 샘플 제공 자체만으로 감사를 표하기도 한다. 하지만 환자를 등록하고, 동의서를 받으며, 샘플을 획득하고 전처리 후 배송 및 보관하는 작업이 얼마나 손이 많이 가고 힘든지 이해하지 못하는 기초연구자도 있다. 심지어 결과가 원하는 방향으로 나오지 않으면 일방적으로 연구를 중단하거나 연락을 끊기도 한다. 그럼에도 의사과학자로서 나는 질병에 대한 보다 근원적인 물음에 답을 얻기 위해서는 기초연구자와의 협업은 반드시 필요하다고 생각한다.

이처럼 우리나라에서 의사과학자로 살아가고자 한다면 연

구를 위한 투자 시간이 절대적으로 적다는 난관을 극복해야 한다. 외국은 우리와 진료나 연구 환경이 완전히 다르다. 특히 연구하는 의사과학자라면 주 1~1.5일의 진료 업무를 담당하고, 나머지 시간은 온전히 연구를 위해 사용한다는 점에서 연구 몰입도가 훨씬 높은 것이 사실이다. 하지만 녹록지 않은 현실에 주저앉을 수는 없으므로 더 집중해서 적은 시간이라도 제대로 쓰려고 한다. 진료 시간이 긴 만큼 오히려 연구에 필요한 인체 자원 시료 확보에 매우 유리하다는 장점도 있다. 또한 전공 분야의 관심 질환을 가진 환자가 많을수록 경험이 단기간에 많이 쌓이게 되고, 그만큼 궁금증도 폭넓어지는 장점이 있다.

온전한 랩을 갖추기까지 험난했던 여정

이런 상황 속에서 2017년 3월 실험실이 첫 문을 열었다. 그동안 수많은 어려움에도 불구하고 기초연구를 하는 실험실을 만들기 위해 노력한 결과, 현재는 박사후연구원 2명, 학위 과정 학생 8명, 연구원 2명 등 총 12명으로 구성된 연구팀을 갖추게 되었다. 아직은 실험실 규모도 크지 않고, 연구비도 부족하며, 연구실 책임자인 내가 기초연구에 투자할 시간이 절대적으로 부족한 것이 사실이다. 그러나 의사과학자로서의 비전을 포기하지 않고 조금씩 발전시켜나간다면, 머잖아 우리나라에서도 환자를 직접 보면서 기초·중개연구를 활발하게 수행하는 진정한 '의사과학자'의 가능성을 충분히 보여줄 수 있을 것이다.

2017년 삼성서울병원에 첫 발령을 받았으나 나만의 독자적인 랩을 마련하기 위해서는 연구비, 연구원, 실험 도구 및 공간이 필요했다. 서울대학교병원 전임의(fellow) 시절에 운 좋게도 두 개의 국책과제(한국연구재단, 한국보건산업진흥원)를 연구책임자로 수주하게 되었다. 삼성서울병원에서도 신진 연구자를 대상으로 소규모 과제를 공모하고 있었기 때문에 지원을 받게 되어 초반의 종잣돈은 확보한 셈이었다.

초기에는 석사 출신 연구원을 어렵게 뽑아 함께 일했다. 그러나 아무것도 준비되어 있지 않은 연구실을 새롭게 만들어나가는 과정이 쉽지만은 않았던 탓에 그만두기 일쑤였다. 다행히 서울대학교병원에서 함께 일했던 연구원을 설득해 합류하게 했고 실험에 필요한 물품, 도구, 재료 등을 채우는 작업을 해나갔다. 하지만 3년 동안은 함께할 인력을 구하는 일도 난항을 겪었고, 원하는 연구 결과가 나오지 않아 마음고생도 많았다. 대신 이 기간에는 환자의 조직 및 혈액 등 인체 유래물 확보라는 임상의사의 가장 큰 장점을 살려 기초연구자들

173

과의 공동연구에 힘을 쏟았다.

하지만 단순히 샘플 제공에서 그치는 것이 아니라 우리만의 기술력, 강점을 개발해야 했다. 그러자면 인력을 충원하고, 독자적 연구 프로젝트 진행을 시도하면서 우리 연구실만의 색깔을 찾아야 했다. 2017년 시작한 랩이 4년째 되던 해에 유전체 분석을 전담할 경험 많은 박사후연구원이 합류하고, 이후에 분자실험을 전담할 박사후연구원, 삼성융합의과학원 대학원 학생들이 연이어 합류하면서 우리 연구실은 의사과학자, 유전체분석 전문가, 분자생물학 전문가가 모두 모인 이상적인 환경을 갖추었다.

2022년 5월, 전이 신장암 환자에서 면역 항암제 반응성을 예측할 수 있는 새로운 분자 아형 규명에 대한 논문이 SCIE 국제 학술지에 실렸다. 비록 저명한 저널은 아니었지만 온전히 우리의 분석과 실험 기술만으로 이뤄낸 성과여서 의미가 컸다. 첫 논문 발표를 시작으로, 12월에는 거세저항성 전립선암에서 약제 저항성의 기전을 규명한 실험 연구 결과를 SCIE에 두 번째로 게재했다. 앞으로 보다 권위 있고 저명한 국제 학술지에 성과를 발표할 수 있도록 도전해나가는 계기가 될 것이라 믿는다.

11장

치료 반응 예측과
바이오마커

이제 내 전문 분야인 비뇨기 종양, 특히 신장암과 전립선암 분야에서 수행 중인 기초·중개연구에 대해 좀 더 자세히 살펴보고자 한다.

신장암은 윌리엄 케일린 박사의 예에서도 잠깐 다루었듯이 분자생물학 발전의 혜택을 톡톡히 누린 암이다. 신장암은 전이가 발생하면 5년 생존율이 10퍼센트 내외에 불과할 정도로 치명적이었다. 다른 암과 달리 방사선 치료나 항암화학요법에 반응이 좋지 않아 마땅한 치료제가 없는 난치성 암으로 불렸다. 하지만 표적 치료제 개발 이후, 전이 신장암의 치료는 획기적으로 발전했다. *VHL* 유전자 결함, 이로 인한 저산소 유도인자(HIF)의 축적에 따른 혈관 신생과 세포 성장 촉진 등 암

177

의 발생 및 진행에서 핵심 과정을 선택적으로 차단하는 방식을 택함으로써, 보다 효과적으로 신장암의 증식을 억제할 수 있게 된 것이다.

기존 치료제가 10퍼센트 내외의 반응률을 보인 데 반해, 표적 치료제는 25퍼센트 내외의 높은 반응률을 보였다. 특히 혈관 내피세포에 위치한 혈관 내피세포 성장인자 수용체(vascular endothelial growth factor receptor, VEGFR) 및 혈소판 유래 성장인

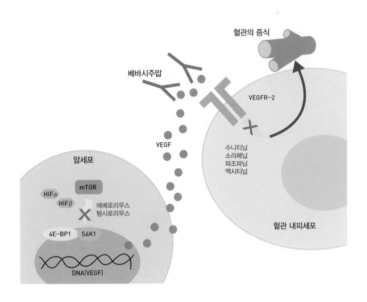

그림 11-1 신장암 표적 치료제의 종류 및 작용 기전. VEGF와 같은 혈관신생 인자의 증가에 의해 암세포 주변의 혈관신생이 촉진되고 이로 인해 암세포 증식과 진행이 유도되는데, 이러한 신호전달을 표적 치료제가 선택적으로 차단함으로써 암 증식의 억제를 유도한다.

자 수용체(platelet-derived growth factor receptor, PDGFR)를 차단하는 표적 치료제인 수니티닙(수텐)이나 파조파닙(pazopanib, 보트리엔트)이 전이 신장암의 1차 치료제로 가장 널리 사용되었다.

하지만 표적 치료제는 완치(또는 완전 관해) 사례가 1~3퍼센트에 불과했고, 많은 환자가 치료 후 1년 이내에 저항성을 갖는 등 짧은 기간 효과를 보였다. 단순히 암의 성장을 억제할 뿐 병마로부터 해방시켜주기에는 턱없이 부족했기에 전이 신장암을 치료하는 의사들은 한계를 절감했다.

이를 뒤집은 혁신적인 약물이 바로 면역 항암제다. 암세포를 직접적으로 공격하는 것이 아니라, 암세포를 공격하는 우리 몸의 면역세포인 CD8+ T세포의 암에 대한 공격력을 향상시키는 방식을 취함으로써 치료 효과를 크게 높일 수 있었다. 암세포는 우리 몸의 면역 방어 시스템을 회피하기 위한 방식으로 PD-L1이라는 물질을 세포 표면에 발현하게 된다. 이때 CD8+ T세포가 PD-1 수용체를 통해 암세포 표면의 PD-L1을 인식함으로써, 종양세포를 공격하는 T세포의 기능을 억제하는 신호전달 체계가 활성화된다. 이를 통해 CD8+ T세포는 기능 저하 상태(또는 탈진 상태)가 되므로, 암세포는 면역 방어 시스템을 회피하여 증식하게 되는 것이다.

면역 항암제는 이러한 암세포와 면역세포 간의 상호작용을

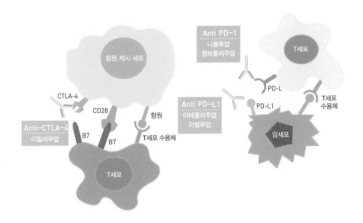

그림 11-2 우리 몸의 다양한 면역관문 및 관련 면역관문 억제제. 암세포 등에서 나오는 신생항원들을 항원 제시 세포들이 T세포로 제시해주게 되고, T세포는 이를 T세포 수용체를 통해 인식하여 암세포를 선택적으로 인지 및 공격하게 되는 것이다. 특히, 암세포에 존재하는 PD-L1 리간드(ligand)는 T세포의 PD-1 수용체와 결합함으로써 T세포에 억제 신호를 보내게 되고, 이로 인해 T세포가 암세포를 공격하는 능력을 잃게 된다. PD-1 수용체 또는 PD-L1 리간드에 선택적으로 결합하는 항체인 anti-PD-1이나 anti-PD-L1이라는 면역 항암제를 투여하게 되면 항체로 인해 암세포로부터의 T세포 억제 신호가 막히게 되면서 다시 T세포가 암세포를 공격하는 능력을 회복하는 것이 면역 항암제 작용의 핵심 원리다.

선택적으로 차단함으로써, 우리 몸의 면역 방어의 최전방을 담당하는 T세포를 다시 활성화시키는 원리를 이용한 것이다. 표적 치료제와 비교하여, 치료 반응률이 40~60퍼센트에 달하며, 완전 관해율이 10~15퍼센트에 도달했다는 점에서 획기적인 결과라 할 만하다. 특히 흥미로운 점은 면역 항암제에 반응성이 있는 환자 가운데 지속적인 종양 성장 억제 효과를 보이는 이가 적지 않으며, 치료에 대해 장기간 효과 지속(durable response) 현상을 나타낸다는 것이다.

면역 항암제의 개발 및 식약처 허가 이후, 전이 신장암 치료의 패러다임은 완전히 바뀌었다. 기존의 1차 치료제 자리를 차지했던 표적 치료제는 면역 항암제를 근간으로 한 다양한 병용요법(면역 항암제 간 병용요법인 여보이+옵디보, 면역 항암제와 표적 치료제 병용요법인 키트루다+인라이타, 키트루다+렌비마, 옵디보+카보메틱스 등)에 자리를 내주었다. 하지만 앞서도 언급했듯이, 면역 항암제가 만병통치약은 아니다. 적지 않은 환자가 여전히 면역 항암제 자체에 저항성을 보인다. 왜 사람마다 약제에 대한 반응성이 다른지는 여전히 미지의 영역이며, 치료 전 어떤 환자가 좋은 반응성을 보일지도 명확히 정립된 바가 없다.

이런 상황에서 면역 항암제에 대한 반응성을 치료 전에 미리 예측할 효과적인 방법이 있다면 실제 임상에서 치료 방침을 세우는 데 큰 도움이 될 것이다. 현재까지 면역 항암제 반응성과 연관이 있는 바이오마커로는 종양세포의 면역 회피 기전에 핵심 역할을 하는 단백질인 PD-L1의 발현량, 종양 내 돌연변이가 얼마나 존재하는지를 나타내는 지표인 종양변이부담(TMB), 종양세포를 살상하는 역할을 담당하는 CD8+ T세포의 침윤 빈도와 같은 종양 미세 환경에 대한 분석법, 그리고 암세포의 돌연변이나 유전자 발현 패턴과 같은 유전체적

11장 치료 반응 예측과 바이오마커

특성 등이 대표적이다.

　폐암이나 흑색종 등 타 암종에서 유의한 바이오마커로 입증된 PD-L1 단백질의 발현은 신장암에서도 여러 면역 항암제 임상시험에서 바이오마커로 활용된 바 있다. 30~60퍼센트 환자에서 PD-L1의 발현이 확인되었다. 하지만 아쉽게도 PD-L1 발현량은 면역 항암제에 대한 반응과 유의한 상관성을 보이지 않는다는 것이 현재까지의 결론이다. 면역 항암제에 대한 반응이 좋은 암종에서 종양변이부담이 높은 폐암이

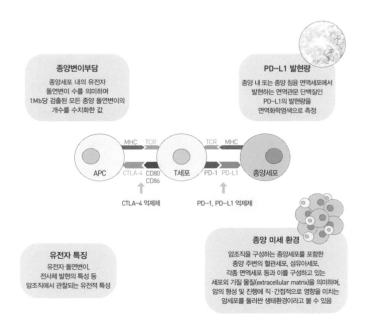

그림 11-3　면역 항암제 반응성 예측을 위한 주요 바이오마커.

나 흑색종과 달리 신장암은 상대적으로 종양변이부담이 낮은 특성을 보인다. 여러 연구 결과 신장암에서는 종양변이부담과 면역 항암제에 대한 반응성 사이에 유의한 상관관계가 없는 것으로 밝혀졌다.

그렇다면 어떤 새로운 바이오마커를 통해 면역 항암제의 반응을 예측할 수 있을까? 다양한 후보 중 내가 주목한 것은 암세포들의 유전체적 특성이다. 특히 암세포의 돌연변이 특성과 특정한 유전자들의 발현을 표현하는 전사체 특성에 초점을 맞추어 연구하고 있으며, 외국의 데이터에 의존하지 않고 우리만의 과학적 근거를 쌓고자 했다. 이를 위해 삼성서울병원에서 면역 항암제로 치료받은 74명의 전이 신장암 환자를 대상으로 치료 전 조직에서 DNA나 RNA를 각각 추출한 다음, 삼성유전체연구소에서 개발한 (385개 암유전자의 돌연변이를 검출할 수 있는) 암유전체 패널인 캔서스캔(cancerSCAN)으로 표적 염기서열 분석(targeted sequencing)을 수행하여 환자들의 암 조직에서 돌연변이에 대한 정보를 얻었다. 그런 다음 RNA 시퀀싱을 통해 RNA 발현 패턴인 전장 전사체를 통합적으로 분석했다.

그 결과 돌연변이를 보이는 유전자들의 양상은 기존 연구에서 보고된 바와 유사하게 *VHL*(56.7퍼센트), *PBRM1*(30.0퍼센트), *SETD2*(26.7퍼센트), *BAP1*(20.0퍼센트) 등의 유전자에서 흔하게 관찰되었다. 흥미로운 점은 면역 항암제에 반응성을 보인 환자들에서 *PBRM1* 유전자의 돌연변이가 집중적으로 많이 관찰되었을 뿐 아니라 생존 기간도 더욱 우수한 것으로 나타났다는 사실이다.

전사체 분석에서는 *PBRM1* 돌연변이 여부에 따른 유전자 발현의 차이를 기능적 관점에서 비교 분석하기 위해 미국 보스턴의 MIT, 브로드 연구소(Broad Institute)에서 개발한 유전자 세트 증폭 분석(gene set enrichment analysis, GSEA)을 수행했다. GSEA는 MSigDB라는 대규모 유전체 데이터베이스에 있는 유전자 세트를 기반으로 하나의 생물학적 특성에 연관된 유전자 집합의 발현 양상이 두 개의 다른 조건(예를 들어, 정상세포 대 암세포)에서 통계적으로 유의한 차이를 보이는지, 발현의 특성이 얼마나 유사한지를 평가하는 분석 알고리즘이다. 정상세포와 암세포 간의 전사체 차이를 기능적 관점에서 비교 분석하는 데 가장 널리 쓰이는 방법 중 하나다.

GSEA 분석 결과, *PBRM1* 유전자 돌연변이가 없는 환자와 비교할 때 *PRBM1* 유전자 돌연변이가 있는 환자들에서 저산소(hypoxia), 혈관신생(angiogenesis), 대사(metabolic process) 관련 유전자 세트가 증폭되어 있는 것을 확인할 수 있었다.

2020년, 데이나파버 연구소에서 전이 신장암에서 PD-1 억제제인 니볼루맙(옵디보)의 치료 효과를 규명한 3상 임상시험인 CheckMate 025 연구에 참여한 환자들의 조직을 이용하여 382명의 전장 엑솜 염기서열 및 250명의 전사체 염기서열 분석을 수행한 결과를 《네이처메디신》에 발표했다. 우리의 연구 결과와 마찬가지로, *PBRM1* 유전자의 돌연변이가 존재하는 환자들이 PD-1 억제제에 대한 반응이 유의하게 좋을 뿐 아니라 생존 기간이 길다는 사실을 보여준 것이었다.

전사체 분석을 통해 수행한 유전자 세트 증폭 분석 기법을 활용하여 데이나파버 연구소에서 《사이언스》(2018)와 《네이

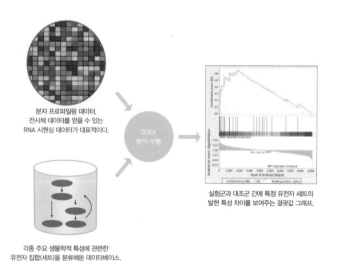

분자 프로파일링 데이터.
전사체 데이터를 얻을 수 있는
RNA 시퀀싱 데이터가 대표적이다.

GSEA
분석 수행

실험군과 대조군 간에 특정 유전자 세트의
발현 특성 차이를 보여주는 결괏값 그래프.

각종 주요 생물학적 특성에 관련한
유전자 집합(세트)을 분류해둔 데이터베이스.

그림 11-4 GSEA 분석에 대한 모식도.

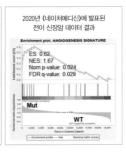

그림 11-5 *PBRM1* 돌연변이군과 정상 대조군 간 혈관신생 관련 유전자 세트의 발현(증폭) 특성을 비교한 GSEA 분석 결과. 하나의 그래프에서 좌측이 *PBRM1* 돌연변이(Mut)가 있는 그룹, 우측이 정상 대조군(WT)을 의미한다. 녹색 그래프는 유전자 세트의 증폭 패턴을 보여준다. 세 데이터 세트의 그래프 모양 및 패턴이 매우 유사한 것을 알 수 있다.

처메디신》(2020)에 발표한 주요 연구 결과를 비교 분석했을 때, 우리가 얻은 것과 매우 유사한 패턴 결과를 관찰했으며, 우리 데이터의 신빙성을 확인할 수 있었다. 이는 향후 신장암에서 면역 항암제 치료에 대한 전략을 수립하는 데 매우 중요한 과학적 근거가 될 것으로 기대한다.

12장

유전체 분석 기술의
비약적 발전

우리 중개유전체 및 생물정보학 연구실에는 별도로 유전체 분석을 전문적으로 수행하는 바이오인포매틱스(bioinformatics, 생물정보학)팀이 있다. 그렇기 때문에 면역 항암제와 관련한 유전체 분석을 보다 정교하게 수행할 수 있다. 바이오인포매틱스는 생물학적 문제를 수학이나 통계학, 컴퓨터 또는 인공지능 등을 활용하여 유전체, 단백체, 대사체 등 분자 수준의 대용량 빅데이터를 분석함으로써 해결하려는 학문이다.

바이오인포매틱스팀과 별개로 분자 기전을 규명하기 위한 실험 연구를 수행하는 분자실험(molecular biology)팀이 유전체 분석에서 발굴한 새로운 표적 유전자에 대한 기전 규명을 수행하므로, 상호 보완에 의한 시너지 효과가 매우 크다.

PBRM1 유전자의 돌연변이가 있는 환자에서 왜 면역 항암제의 반응성이 좋은지에 대해서는 정확한 분자 기전을 아직 규명하지는 못했지만 현재 기전을 밝혀내기 위한 연구를 분자실험팀에서 중점적으로 수행하고 있다.

집단 시퀀싱과 단일세포 RNA 시퀀싱

유전체 분석 기술의 비약적 발전으로, 최근에는 샘플을 통째로 분석하는 집단 시퀀싱이 아니라 조직을 세포 한 개 수준으로 분리한 후, 극소량의 RNA를 증폭시킨 후에 시퀀싱을 함으로써 각각의 세포에서 수천 개의 유전자 발현을 동시에 측정할 수 있는 '단일세포 RNA 시퀀싱' 기술이 각광을 받는다. 쉽게 비유하자면, 집단 시퀀싱은 다양한 과일을 섞어서 만든 과일주스에 해당한다. 단일세포 유전체 분석은 다양한 과일이 섞인 과일주스를 구성하는 각각의 과일 성분을 들여다보는 것이라고 할 수 있다.

집단 RNA 시퀀싱의 경우, 조직 전체의 유전체 특성을 비교 분석하는 데 용이하지만 세포 각각의 특징이 아닌 전체 세포에서의 유전자 발현 평균값을 얻은 것이다. 그러므로 하나의 조직 내에 다양한 종류의 세포가 섞여 있는 암 조직과 같

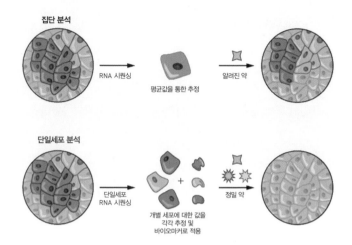

집단 분석

RNA 시퀀싱

평균값을 통한 추정

알려진 약

단일세포 분석

단일세포
RNA 시퀀싱

개별 세포에 대한 값을
각각 추정 및
바이오마커로 적용

정밀 약

그림 12-1 집단 분석과 단일세포 분석.

이 종양 내 이질성(tumor heterogeneity)이 존재하면 전사체의
구체적인 특성을 파악하는 것이 불가능하다. 2009년 처음으
로 단일세포 RNA 시퀀싱이 발표된 이후 다양한 기술이 비약
적으로 발전했다. 마침내 2016년 10월, 미국과 영국을 중심으
로 한 국제 컨소시엄이 구성되어 모든 인체 조직에서 단일세
포 수준의 유전적 특성을 분석하고 표준화된 오믹스(omics) 데
이터를 생산하기 위한 '인간 세포 지도(human cell atlas, HCA)'
프로젝트를 시작하기에 이르렀다. HCA 프로젝트는 페이스북

창업자인 마크 저커버그와 부인 프리실라 첸이 설립한 첸 저커버그 재단이 지원하는 것으로도 유명하다.

사실 2016년 당시는 단일세포 분석 기술이 걸음마 단계였기 때문에, 인간의 모든 장기에 존재하는 다양한 종류의 세포를 단일세포 수준으로 분석하는 HCA 프로젝트는 매우 도전적인 과제로 여겨졌다. 장기별로 총 17개 팀으로 구성된 HCA 컨소시엄 공동연구 노력의 결과, 2020년 10월까지 33개의 장기로부터 총 450만 개의 세포에서 얻은 단일세포 전사체 데이터가 생산되었으며, 37개의 논문이 발표되는 가시적인 성과를 보였다.

삼성유전체연구소에서는 단일세포 시퀀싱 기술의 중요성을 미리 인지하고, 2014년부터 자체적으로 시퀀싱 및 분석 파이프라인을 구축하기 위해 많은 노력을 쏟아왔다. 그 결과 현재 국내에서 가장 앞선 기술력과 데이터 소스를 확보하고 있다. 삼성유전체연구소 박웅양 소장이 이끄는 연구팀은 첸 저커버그 재단이 지원하는 HCA 프로젝트의 신규 사업인 '인종 다양성 네트워크(Ancestry Network)' 프로젝트에 합류하게 되었다. 이 프로젝트는 전 세계 31개국이 참여하여 다양한 인종에서 면역세포 프로파일링을 위한 단일세포 유전체 분석 데이터베이스를 구축하고, 이를 기반으로 유전적 요인이 질병에 어떠한 영향을 미치는지를 규명하기 위하여 기획되었다.

　나는 2020년 10월부터 삼성유전체연구소 내의 싱글셀유전체랩의 랩장을 맡아서 연구소에서 수행 중인 다양한 단일세포 시퀀싱 연구를 주도하고, 단일세포 다중오믹스 분석과 같은 최신 분석 기술 및 데이터베이스 플랫폼 구축 등을 추진하고 있다.

　우리 연구실에서도 기존의 집단 시퀀싱 기반의 분석에서 한 단계 나아가 단일세포 RNA 시퀀싱에 주력하기 시작했다. 특히 종양 내 이질성이나 종양 미세 환경을 구성하는 다양한 세포 간 상호작용을 파악하는 것이 중요한 면역 항암 분야에 적용하고 있다. 대표적인 예를 들면, 면역 항암제를 투여받은 전이 신장암 환자의 치료 전 조직과 치료 전후의 혈액으로 단일세포 RNA 시퀀싱 분석을 시행해서 종양 내 암세포를 포함한 다양한 면역세포 등의 전사체 특성을 분석하는 연구를 수행 중이다.

　면역 항암제로 치료받는 10명의 전이 신장암 환자에서 획득한 신장암 조직 검체를 단일세포 RNA 시퀀싱으로 분석한 결과, 종양 조직의 경우 총세포는 5만 1612개로 확인되었다. 데이터 질 평가를 통해 단일세포별 유전자 발현 특징 분석에 사용 가능한 세포들만 필터링한 후에도 4만 5226개의 세포가 확인됨에 따라 이후 최종 분석(단일세포별 전사체 분석)의 적합

193

성(feasibility)을 확보했다. 종양 조직 내의 세포를 대표 유전자 마커를 이용하여 분류했는데, 총 26개의 세포 유형이 존재하는 것을 확인했다. 특히 종양 조직 내에서 암세포만을 집중적으로 분석했을 때, 암세포 자체도 17개의 세포 유형으로 분류되는 특징이 관찰되었다.

흥미로운 점은 면역 항암제에 반응이 있는 그룹과 없는 그룹을 구분하여 살펴보았을 때, 면역 항암제에 반응이 있는 반응자 그룹에서, 특히 4번 및 6번 세포 유형의 양이 비반응자군에 비해 유의하게 높은 빈도로 관찰되었다는 것이다. 차이가 보다 현저한 4번 세포에서 대표적으로 발현하는 유전자들은 면역 항암제 반응성과 관련한 표적 유전자로서의 가능성이 높기 때문에 이에 대한 추가 분석을 수행 중이다.

단일세포 분석의 장점

한편, 우리 연구실에서 집단 시퀀싱으로 수행했던 연구 결과를 보면, 면역 항암제 치료를 받은 전이 신장암 환자에서 *GATM*이라는 유전자의 발현이 유의하게 높을 경우, 치료 후 생존율이 우수함을 밝혀낸 바 있다. 특히 전사 수준에서의 발현뿐 아니라 단백질 수준에서의 발현을 조직 마이크로어레이(tissue

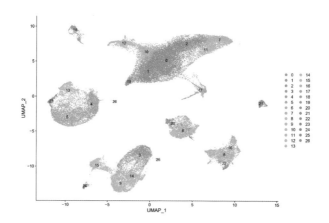

그림 12-2 단일세포 분석에서 가장 기초적인 분석의 그래프의 예시. 분석에 포함된 전체 세포를 모아서 유전자 발현의 특성에 따라 세포 군집들로 나누게 되는데, 총 26개의 세포군으로 구분되는 것을 확인할 수 있다.

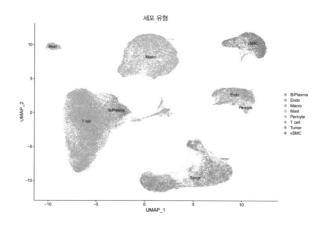

그림 12-3 실제 전이 신장암 환자의 암 조직 샘플을 단일세포 전사체 분석 후, 주요 세포에 대한 어노테이션(annotation, 세포 유형을 유전자 발현 특성에 따라 지정하는 작업)을 거친 후 총 8개의 주요 세포들로 분류한 결과다. 각 세포별로 다른 색으로 표기하여 나누었다.

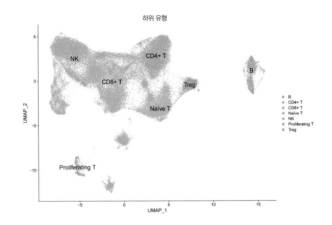

그림 12-4 위의 다양한 세포 유형 중 내가 관심 있는 세포가 T세포인 경우, 위 세포 유형에서 T세포를 선택한 후 세부적으로 T세포를 더 분류할 수 있다. 그 결과 이 그래프와 같이 다양한 T세포 유형으로 세분하여 분석이 가능한 장점이 있다.

microarray, TMA: 한 장의 슬라이드에 하나의 조직을 올리던 기존 방식이 아니라, 매우 작은 사이즈의 조직을 수십 개 단위로 배열함으로써, 환자 수십 명에서의 특정 단백질 발현 패턴을 한 번의 면역화학염색을 통해 빠르게 확인할 수 있는 실험 기법)로 평가하고, GATM 단백질 발현이 높을 경우 치료 후 생존이 유의하게 향상됨을 입증했다.

이러한 결과를 기반으로, 단일세포 RNA 시퀀싱 분석에서 *GATM* 발현을 확인해보고자 했다. *GATM*은 종양 조직을 구성하는 다양한 세포에서 발현하는 것이 아니라 암세포에 국

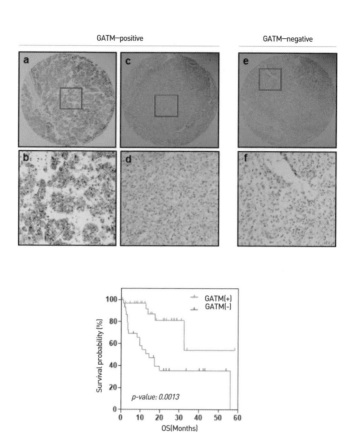

그림 12-5 (위) 면역 항암제로 치료받은 51명의 전이 신장암 환자의 TMA를 이용한
GATM 발현에 대한 면역화학염색(IHC) 데이터. TMA에 포함된 코어(core) 중 대표
사진에 대한 IHC 데이터이며, GATM 발현 양성(GATM−positive), GATM 발현 음성
(GATM−negative)을 의미한다. a, c, e는 각 코어 전체 염색 사진이며, 붉은색 네모
를 확대한 사진이 b, d, f다. 염색이 잘될수록 갈색으로 보이며, 염색이 안 될수록 투
명에 가깝게 보인다. 점으로 찍힌 것처럼 보이는 것은 세포핵이다. (아래) 면역 항암
제로 치료받은 51명의 전이 신장암 환자의 TMA를 이용한 GATM 발현에 대한 IHC
데이터를 기반으로 한 GATM 발현 양성군(보라색)과 음성군(파란색)의 생존 비교 그
래프다. 양성군의 생존이 유의하게 우수함을 확인했다.

197

한되어 발현하고 있었으며, 반응군에서 유의하게 높은 빈도로 관찰되었던 4번 및 6번 세포 유형에서 다른 세포 유형에 비해 높은 수준의 발현 양상을 확인할 수 있었다. 집단 시퀀싱에서의 결과뿐 아니라 단일세포 RNA 시퀀싱 수준에서도 *GATM*의 치료 예후 예측 마커로서의 가능성을 확인했다. 이로써 향후 신장암에서 면역 항암제 투여 후 예후 예측을 위한 바이오 마커로서의 가능성이 충분히 있을 것으로 기대한다.

단일세포 분석의 가장 큰 장점은 조직을 구성하는 다양한 세포를 세분화해서 볼 수 있다는 점이다. 앞서 살펴본 바와 같이 암세포 분석 외에, 면역세포를 집중적으로 분석할 수 있다. 면역 항암제의 원리가 암세포의 면역 회피 기전으로 인하여 종양 살상 기능이 저하된 탈진한 T세포의 활성을 깨우는 방식이므로 종양 주변 T세포의 역할을 규명하는 것이 매우 중요하다. 10명의 환자 종양 조직 내에 존재하는 면역세포 중, 특히 면역 항암제 작용에 중요한 CD8$^+$ T세포를 세부적으로 분석한 결과, 'naïve-like', 'effector memory', 'exhausted CD8$^+$ T세포' 등 세 유형으로 분류할 수 있었다. 면역 항암제 반응군에서는 naïve like 및 exhausted CD8$^+$ T세포의 빈도가 높은 반면, 비반응군에서는 effector memory CD8$^+$ T세포의 빈도가 높은 것으로 확인되었다. 즉, 면역 항암제 반응군과 비반응군 간의 CD8$^+$ T세포 유형의 존재가 서로 차이가 있다는 점을 확인할 수 있었는데, 이는 집단 시퀀싱에서는 알아낼 수 없던 새로운 정보다.

환자의 혈액을 함께 분석함으로써 혈액 내에 존재하는 면역세포와 종양 조직 내에 존재하는 면역세포를 비교 분석하기 때문에 면역 항암제 투여에 따른 체내 면역세포의 변화도 추적할 수 있으며, 치료 전후의 변화도 비교해볼 수 있다. 현재 왜 반응군과 비반응군 간에 CD8$^+$ T세포 하위 그룹의 빈도에 차이가 나는지, 이러한 차이가 면역 항암제 반응과 어떠한 연관성이 있는지, 관련 분자 기전은 무엇인지를 보다 깊이 있게 분석하는 연구를 수행 중이다.

이처럼 단일세포 유전체 분석은 기존의 집단 시퀀싱에서는 볼 수 없던 데이터와 유전자 발현 패턴의 생물학적 의미를 보다 깊이 있고 다양하게 보여줄 수 있다는 점 때문에, 앞으로 암유전체 연구의 미래를 이끌어나갈 선봉장 역할을 할 것으로 기대된다.

최근 비뇨의학 분야 최고 권위 학술지인 《유럽 비뇨의학 학회지(European Urology)》는 전립선암에서의 단일세포 RNA 시퀀싱 연구 결과를 발표했다. 이에 따르면, 병이 가장 진행된 단계인 거세저항성 전립선암(CRPC) 단계의 세포(CRPC-like cell)가 약물 등 치료에 따른 결과로 진행되는 것도 있지만, 애초에 초기 단계에서부터 매우 적은 빈도로 암 조직 내에 숨어 있다는 흥미로운 결과를 발표했다. 초기 단계의 전립선암부터 CRPC에 이르기까지 전 병기에 걸친 환자의 암 조직으로 단일세포 전사체 분석을 수행했는데, CRPC-like cell에서 대표적으로 발현하는 51개 유전자의 과발현을 보이는 세포 군집이 초기 단계의 전립선암에서도 확인된 것이다. 이를 면역화학염색을 통해 실제 초기 단계 암 조직에 CRPC-like cell이 존재함을 재입증했다. 이들 51개 유전자의 과발현을 보이는 환자들은 결국 치료 후 재발률 및 병의 진행에서 불량한 예후를 보이는 것을 암유전체 TCGA 데이터베이스 등으로 검증했다.

우리 연구실에서도 전이성 전립선암 환자를 대상으로 전사체 분석 연구를 수행했기 때문에, 단일세포 전사체 분석으로

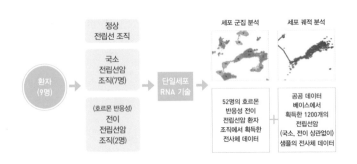

그림 12-6 우리 연구실에서 수행한 전립선암 단일세포 RNA 시퀀싱 연구 모식도.

전이성 전립선암의 종양 미세 환경에 대한 이해를 좀 더 깊이 있게 해보고자 연구를 진행 중이었다. 총 9명의 전립선암 환자의 조직을 대상으로 단일세포 전사체 분석을 수행했다. 이 중 2명의 환자는 호르몬 반응성 전이성 전립선암 환자였고, 7명은 대조군으로서 전이가 없는 국소 전립선암 환자였다. 전체 조직을 분석해 총 20개의 세포 군집(cluster)을 확인했으며, 각 군집의 세포 유형을 규명하고, 전체적인 세포 유형의 분포를 확인한 결과 조직마다 이질성이 관찰되었다. 전립선암의 특성인 내강형(luminal type) 세포가 가장 많이 분포함을 확인할 수 있었다[전립선암의 전사체 기반 분자 아형 분류법의 대표적인 PAM50 분류에 따르면 전립선암은 내강형 세포와 기저형(basal type) 세포로 구분된다].

특히 2명의 전이성 전립선암 환자의 세포 유형을 확인한 결과, 특정 환자에서만 세포 증식(cell proliferation)에 관련한 유전자들이 과발현하는 세포의 비율이 높았다. 또 남성호르몬 수용체 타깃 약물에 내인성 저항성을 보이는 것을 확인할 수 있었는데, 단일세포 전사체 분석에서 세포의 분화 방향성을 예측하는 분석 방법 중 하나인 의사 시간 궤적(pseudotime trajectory) 분석을 수행한 결과, 약물에 내인성 저항성을 보인 환자의 경우는 기저형 또는 내강형 세포로부터 세포 증식과 관련된 세포로 점진적으로 분화해가는 패턴을 보인다는 점을

남성호르몬 타깃 약물 투여 전 뼈 스캔

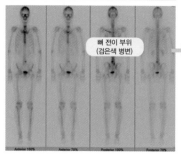

뼈 전이 부위
(검은색 병변)

남성호르몬 타깃 약물 투여 3개월 후 뼈 스캔

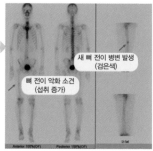

새 뼈 전이 병변 발생
(검은색)

뼈 전이 악화 소견
(섭취 증가)

약물 투여 전 흉부 CT 스캔

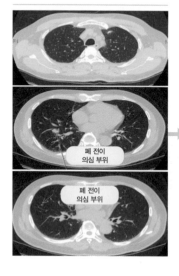

폐 전이
의심 부위

폐 전이
의심 부위

약물 투여 3개월 후 흉부 CT 스캔

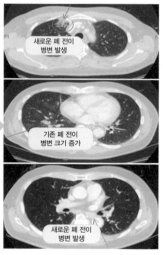

새로운 폐 전이
병변 발생

기존 폐 전이
병변 크기 증가

새로운 폐 전이
병변 발생

그림 12-7 (위) 남성호르몬 수용체 타깃 약물 치료에 내인성 저항성을 보인 환자의 뼈 스캔 사진. (아래) 남성호르몬 수용체 타깃 약물 치료에 내인성 저항성을 보인 환자의 흉부 CT 스캔 사진.

202

알 수 있었다.

이를 통해, 환자마다 특정 세포의 분화 과정에 차이를 보이며, 세포 군집별로 특징적인 신호전달경로의 활성화 및 이에 동반한 세포 상호작용을 보이는 것을 알 수 있었다. 이런 세포별 전사체의 특성이 환자의 치료 결과와 관련이 있음을 발견했다는 점에서 단일세포 전사체 분석의 장점을 다시금 떠올리게 되었다.

이는 암 조직 내 유전자 발현의 평균값을 분석하는 집단 시퀀싱 방식으로는 결코 알아낼 수 없었던 정보다. 향후 다양한 질환에서 세포 단위 유전자 발현 특성과 병의 진행, 치료에 대한 반응성, 예후와의 연관성 등을 관련 짓기 위한 연구가 활발히 진행될 것으로 기대된다.

공간 전사체 기술이란

단일세포 전사체 분석의 발전에 이어 최근에는 기존의 단일세포 분석에서는 알 수 없던 3차원 공간에 존재하는 다양한 세포의 위치 정보와 공간 내에서의 상호작용을 분석할 수 있는 공간 전사체(spatial transcriptomics) 기술이 개발되었다. 공간 전사체 분석 기술은 2016년 처음 제시되었으며, 분석하고

자 하는 조직의 특정 영역을 분리한 후 시퀀싱 기술 등을 통해 RNA 분자를 해당 위치 그대로(in situ) 시각화함으로써 단일 유전자가 아닌 전사체 수준으로 분석할 수 있는 방식이다.

현재 널리 상용되는 공간 전사체 분석 기술은 10X지노믹스사에서 개발한 비지움(Visium)이다. 기존의 집단 RNA 시퀀싱은 전반적인 유전자 발현 패턴의 평균값 정보를 얻을 수 있다. 이에 반해 단일세포 RNA 시퀀싱 기술은 세포 하나하나의 유전자 발현 패턴에 대한 정보를 얻을 수 있게 됨으로써, 조직 내에 존재하는 다양한 세포의 조성과 각 세포들의 유전자 발현 특성 차이를 비교 분석할 수 있다. 그러나 두 가지 시퀀싱 방식 모두 어떤 조직학적 위치에서 유전자 발현이 어떻게 유사하고 차이가 있는지에 대한 공간적 정보는 확인하기 어렵다는 점에서 실제 조직 내 세포들의 역할을 온전히 이해할 수 없다는 한계가 있다. 한편, 조직 내에서 유전자 발현의 공간 정보를 얻을 수 있는 전통 방식인 제자리 교잡법(In Situ Hybridization)의 경우 일부 유전자의 발현에 한해서만 조직 내 위치를 분석할 수 있었으나, 전체 mRNA(또는 전사체) 수준에서의 발현 정보를 얻는 것은 현실적으로 불가능했다.

비지움 플랫폼은 기존 기술의 단점들을 극복하고 조직 슬라이드에서 전사체 수준 발현을 측정할 뿐 아니라 각 유전자들의 발현이 측정되는 위치 정보를 결합함으로써, 궁극적으로 조직 슬라이드 이미지 위에 맵핑된 스폿(spot)들에 대한 해당 유전자 발현 정보를 그대로 결합(오버랩)하여 제공한다. 즉, 서로 다른 위치에서 발현하는 전사체 수준에서의 유전자 발현 정보를 조직 슬라이드 위에 맵핑하기 위해서 특정 슬라이드 영역 내(대개 6.5×6.5밀리미터)에 약 5000개의 바코드가 찍힌 영역(공간 정보 바코드가 부착된 스폿)을 가진 캡처 영역들을 구성한다. 이 스폿에는 mRNA의 폴리-A(poly-A) 꼬리를 캡처할 수 있는 폴리 dT(poly dT) 영역과 위치 정보를 확인할 수 있는 공간 정보 바코드(spatial barcode)를 포함하는 약 100만 개의 올리고뉴클레오타이드 탐침자(oligo probe)가 있어서 위치 정보를 포함한 전사체 데이터를 얻을 수 있게 된다.

공간 전사체 기술의 개발로 RNA 발현 패턴을 각 세포들의 조직 내 공간 분포에 따라 분석할 수 있게 됨으로써 암세포, 면역세포를 포함한 다양한 기질세포의 세포 이질성, 세포 간의 관계를 보다 명확히 밝힐 수 있다는 점에서 발생학, 종양학, 면역학 및 조직학 분야에서 매우 중요한 통찰력을 제공하게 되었다. 이런 혁신성 때문에 세계 최고의 과학 학술지인 《네이처메소드(Nature Method)》에서는 2020년 올해의 기술로 공간 전사체 기술을 선정한 바 있다. 최근에는 비지움 기술에서 더욱 진보되어 기존의 50마이크로미터 크기의 스폿 수준에서의 분석이 아닌 단일세포 수준에서의 공간 전사체 기술인 제니움(Xenium)이 개발되면서 향후 유전체 분석 기술은 단일세포 공간 전사체 기술을 중심으로 발전해나갈 것으로 전망된다.

순환 종양 DNA에 기반한 액체 생검 기술

테라노스는 피 한 방울로 콜레스테롤, 칼슘, 비타민 D, 혈당 수치부터 헤르페스, 암 진단에 이르기까지 250여 종의 질환을 한 번에 진단할 수 있는 혁신적인 액체 생검(liquid biopsy) 기기인 '에디슨(Edison)'을 개발해 전 세계적으로 엄청난 반향을 불러일으켰다. 테라노스의 설립자 겸 최고경영자(CEO) 엘리자베스 홈스는 생명공학계의 스티브 잡스로 불릴 정도로 실리콘밸리에서 주목받은 젊은 여성 기업인이었다.

지금은 기술이 실체가 없는 허구임이 드러나면서, 테라노스는 주식 시장에서 퇴출되었다. CEO였던 엘리자베스 홈스는 11개 혐의로 기소되어 재판을 받고 있으며, 2022년 11월, 1심에서 징역 11년 3개월을 선고받은 후, 2023년 5월 텍사스주 휴스턴의 브라이언 연방 여성 교도소에 수감되었다. 그러나 2014년 《포브스》지는 45억 달러의 테라노스 주식을 보유한 엘리자베스 홈스를 세계에서 가장 부유한 자수성가 여성으로 꼽았으며, 2015년 테라노스의 시장 가치는 90억 달러(한화로 약 9조 원)에 달할 정도로 엄청나게 흥행했다. 그런 점에서 액체 생검 기술에 대한 뜨거운 관심을 잘 알 수 있다.

테라노스의 사례에서 알 수 있듯이, 의과학 또는 바이오 분야에서 진단과 치료 효과를 부풀리는 일은 심심찮게 일어난다. 기술의 실체가 없이 미래에 대한 장밋빛 청사진으로 포장하는 경우도 흔하다. 하지만 의과학 분야는 환자에게 적용하는 기술이기 때문에 기술력에 대한 치열한 검증 과정을 거치지 않을 경우 해악이 엄청날 수 있다. 따라서 연구자들의 전문성과 각별한 윤리의식이 요구된다.

액체 생검 기술은 기존의 전통적인 조직검사에 비하여 빠르고, 비침습적이며, 쉽게 획득 가능할 뿐 아니라 일회성 분석이 아닌 연속적인 채취 및 분석을 쉽게 수행할 수 있다는 큰 강점이 있다. 이 중 가장 잘 알려진 액체 생검 기술의 하나는 세포유리 DNA(cell-free DNA, cfDNA)다. cfDNA는 세포 고사 및 괴사에 빠진 세포가 내보내는 DNA의 분절이 혈액 내로 유리된 것이다. 혈액 내 80~90퍼센트는 혈구 세포에서 기원하며, 태아의 1~10퍼센트에서 cfDNA를 생성하는 것으로 알려져 있다. 암 환자와 같이 종양 조직이 존재하는 경우, 종양 조직의 세포 고사나 분비 등에 따라 cfDNA가 생성된다. 이를 별도로 순환 종양 DNA(circulating tumor DNA, ctDNA)라고 하

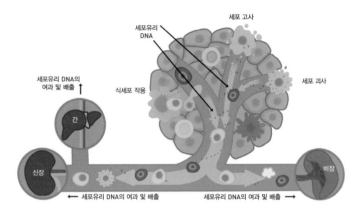

세포 고사
세포유리
DNA
세포 괴사
세포유리 DNA의
여과 및 배출
식세포 작용
간
신장
비장
← 세포유리 DNA의 여과 및 배출
세포유리 DNA의 여과 및 배출 →

그림 12-8 세포유리 DNA의 기원에 대한 모식도. 세포유리 DNA는 세포 고사, 세포 괴사 또는 식세포 작용을 통해 깨지는 과정에서 유리된 후에 혈액을 통해 흘러 들어가 체내를 순환하게 된다.

며, 이는 전체 cfDNA의 0.01~10퍼센트를 차지하는 것으로 알려져 있다.

ctDNA는 크기가 140~170염기쌍 정도로 매우 짧은 분절 상태다. 혈장 내에 1밀리리터당 1~10나노그램으로 극소량이 존재하는 것으로 알려져 있으며, 체내에서 반감기는 15분~2시간으로 아주 짧다. 특히 ctDNA는 조직검사 없이도 암세포의 점 돌연변이(point mutation), 복제 수 변이, 메틸화, 유전자 융합(gene fusion) 등의 다양한 유전체 정보를 쉽게 획득할 수 있다는 점에서 큰 각광을 받는다. ctDNA를 검출하는 방법은 다

3부 의사과학자의 연구 현장

양한데, 단일 유전자 변이(single genomic alteration)를 검출하는 중합 효소 연쇄반응(polymerase chain reaction, PCR) 기반의 분석법과 차세대 염기서열 분석(NGS) 기반의 분석법이 있다. 최근에는 NGS에 기반한 표적 염기서열 분석 방법이 가장 널리 활용된다.

ctDNA의 임상 적용 방식은 크게 둘로 나눌 수 있다. 암의 조기 발견이나 치료제에 대한 반응성 및 예후에 대한 모니터링에 활용하는 정량적 분석법(quantitative analysis)과 암의 돌연변이 특성(mutation profiling), 종양 클론 진화(clonal evolution) 과정에 대한 모니터링, 이에 기반한 치료 전략 수립에 활용하는 정성적 유전체 분석법(qualitative analysis)이다.

우리 연구실에서도 액체 생검이라는 최신 기술의 활용에 관심을 가지고, 신장암에서 활용 가능성을 검증하고자 했다. 특히 면역 항암제에 대한 치료 반응성을 예측하기 위한 차세대 플랫폼으로 ctDNA의 효용성을 검증하는 연구를 수행한 바 있다. 삼성유전체연구소와 공동연구를 통해, 신장암에서 가장 흔하게 돌연변이가 관찰되는 40개 유전자를 선정하여 액상 생검용 패널인 리퀴드스캔(LiquidSCAN)을 제작했다.

국소 신장암 및 전이성 신장암 환자를 각각 10명씩 전향적으로 등록한 후, 수술 전후의 혈액 샘플을 얻고 조직 및 혈액에서 유전체 분석을 수행함으로써, 제작한 패널의 적합성을 검증했다. 그 결과, 45퍼센트의 환자에서 ctDNA가 검출되었으며, 대부분이 조직에서의 검출 결과와 일치함을 볼 수 있었다. 흥미롭게도 전체 환자의 45퍼센트에서 검출된 것과 달리, 전이가 있는 신장암 환자에서는 75퍼센트에서 ctDNA가 확인되었다. 수술 전후 ctDNA의 양을 비교했을 때, 1명의 환자를 제외하고 모든 환자에서 수술 후 ctDNA의 양이 감소함을 확인했다. 또한 신장암 조직에서 돌연변이가 빈번하게 관찰되는 유전자인 *VHL*(25퍼센트), *PBRM1*(20퍼센트), *KDM5C*(15퍼센트) 유전자가 ctDNA에서 주로 검출되었으며, 약 78퍼센트의 환자에서 적어도 이 세 가지 유전자 중 하나에서 돌연변이가 관찰되었다.

이러한 연구 결과를 바탕으로 면역 항암제를 투여받는 전이 신장암 환자를 대상으로 ctDNA가 치료 반응 예측을 위한 조기 바이오마커로 활용 가능한지 연구를 수행했다. 전이로 진단된 후 1차 치료제로 이필리무맙(anti-CTLA-4, 여보이)과 니볼루맙(anti-PD-1, 옵디보) 병합요법을 받는 환자에서 치료 직전 및 치료 후 4~6주째에 채취한 혈액에서 ctDNA를 분석했다. 흥미롭게도 치료 후, 3개월째 복부 및 흉부 CT 스캔을 이용한 종양 반응 평가에서 약물에 대한 내인성 저항성을 보인 환자(progression disease, PD)에서는 치료 1개월째에 분석한 ctDNA가 치료 전 ctDNA 대비 크게 증폭되었다. 반면, 치료에 대한 반응을 보인 환자(partial response, PR)에서는 ctDNA가 유의하게 감소하는 것을 확인할 수 있었다.

이상의 연구 결과를 정리하여 2021년 SCIE 등재 국제 학술지에 발표했다. 비록 환자 수가 3명에 불과하지만 신장암에서 ctDNA라는 새로운 바이오마커를 활용하여 면역 항암제에 대한 치료 반응성 예측을 할 수 있을 것이라는 초기 근거를 확보했기 때문에, 향후 임상 적용 가능성을 검증하기 위한 후속 연구를 계획하고 있다.

임상 적용 가능성을 검증하기 위해서는 ctDNA를 이용한 치료 이후의 모니터링 결과가 CT 또는 MRI에 기반한 전통적인 종양 반응 평가 결과(RECIST)와 통계적으로 유의한 수준에서 연관성이 있음을 입증해야 한다. 아직은 ctDNA 검사 자체가 고가의 비용이 드는 만큼 대규모 임상시험을 수행하는 데는 한계가 있지만, 연구 단계에서 근거를 꾸준히 쌓아나간다면 충분히 대규모 임상시험을 계획해볼 수 있을 것이다. 현재 면역 항암제를 투여받는 100명의 전이 신장암 환자를 대상으로 치료 전, 치료 직후, 질병 진행 시점의 세 가지 지점에서 ctDNA를 획득하여 실제 종양 반응 평가와의 유사성을 입증하는 전향적 임상 연구를 계획 중이다.

13장

약물저항성의
원인과 극복

전립선암은 서구에서 암 1위이자 사망률 2위에 해당할 정도로 중요한 질병이다. 우리나라에서도 조기 진단의 확대와 서구형 식습관 등으로 최근 유병률이 급증하고 있다. 2018년 국가암등록통계 보고서에 따르면 국내 전립선암 발생률은 남성암의 4위에 해당한다. 유병률은 위암, 대장암에 이어 3위에 해당할 정도로 고령의 남성에서 전립선암은 매우 중요한 질병임이 분명하다(2022년 기준 남성 암 2위로 상승). 특히 1999년의 발생률이 6.1퍼센트였던 것에 비해, 2005년에는 15.3퍼센트, 2010년에는 31.4퍼센트로 급증하고 있는 만큼 앞으로도 발생률은 지속적으로 증가할 것으로 예상된다.

전이가 없이 전립선 내에만 암이 국한되어 있는 경우에는 수술적 또는 방사선으로 충분히 치료가 가능하다. 5년 생존율이 95퍼센트 이상에 이를 만큼 치료 효과도 좋다. 하지만 전이가 발생하면 5년 생존율이 30퍼센트 내외로 급격히 감소한다. 전이가 발생한 경우, 전립선암 성장에 중요한 역할을 하는 남성호르몬을 차단하는 남성호르몬 박탈 요법을 사용한다. 그런데 남성호르몬 박탈 요법에도 불구하고 수년 내에 저항성이 발생하여 암이 진행하는 거세저항성 전립선암으로 진화하기도 한다. 거세저항성 전립선암의 치료 성적은 매우 불량하여, 대개 2~3년 내에 사망에 이를 만큼 치명적이다.

거세저항성 전립선암으로의 진화 과정은 분자 수준에서 일어난다. 따라서 유전자의 돌연변이 및 유전자 발현 수준의 변화 등 매우 다양한 유전적 변화를 수반한다. 유전자 돌연변이는 병의 진행이나 치료의 지속에 따라 변화하거나 축적되는 특성을 갖는데, 거세저항성 전립선암에서 흔하게 발견되는 유전자 돌연변이는 호르몬 반응성 단계 또는 국소 전립선암과 확연히 다른 양상을 보인다.

국소 전립선암에서는 주로 남성호르몬 수용체(androgen receptor) *AR* 유전자의 증폭, *TMPRSS2-ETS* 유전자의 융합(fusion) 및 *PTEN* 결손이나 *SPOP*, *TP53*, *FOXA1* 등의 유전자에서 점 돌연변이가 흔하게 관찰되는 반면, 거세저항성 전립선암의 경우 *TP53*, *PTEN* 외에 *AR*, *RB1*, *APC*, *CDK12* 유전자의 돌연변이가 주로 관찰되는 특성이 있다. 흥미롭게도 국소 전립선암에서는 유전자 변이 빈도가 매우 낮았던 DNA 손상 복구 유전자(DNA damage repair genes, DDR genes: *BRCA1*, *BRCA2*, *ATM*, *PALB2*, *CHEK2* 등)의 경우, 거세저항성 전립선암에서 약 20퍼센트의 빈도로 유전자 변이가 관찰되었다. 이는 거세저항성 전립선암에서 새로운 치료제로 주목받고 있는 PARP 억제제(poly ADP-ribose polymerase)의 반응성이 DDR 유전자에 결함이 있는 환자에서 유의하게 향상된다는 임상시험 결과와도 일맥상통하는 데이터다.

한편 유전자 변이와 별개로, 전체 유전자 발현의 특성을 뜻하는 전사체에 대한 분석은 분자 아형의 분류 및 표적 유전자 발굴 등에 매우 중요한 역할을 한다. 이를 위해 사용하는 분석 기술이 바로 차세대 염기서열 분석 기법을 이용한 RNA 시퀀싱(또는 whole transcriptome sequencing, WTS)이다. 특히 우리 연구실에서는 유전자 돌연변이에 대한 분석보다는 RNA 시퀀싱 데이터를 분석하는 것에 더 주력하고 있다. 그런데 거세저항 전립선암 환자는 빈도가 많지 않으므로 샘플을 충분히 확보하기가 쉽지 않아, 이미 논문으로 발표되어 공개된 공공 데이터베이스를 활용한 연구를 주로 수행하고 있다.

기존 발표 연구들 중 공개된 자료를 최대한 수집하여 총 870명의 전이 거세저항 전립선암 환자의 RNA 시퀀싱 데이터를 통합하는 작업을 거쳐 하나의 데이터 형태로 만든 후 분석을 진행했다. 특히 분자 아형 분석을 위해 GSEA 및 유전자 온톨로지(gene ontology) 분석 등을 수행함으로써, 최종적으로 총 세 개의 분자 아형으로 나뉘는 것을 확인했다. 흥미롭게도, 제1군(cluster 1)은 세포주기(cell cycle) 중 유사 분열(mitotic cell cycle)과 세포주기 이행(cell cycle phase transition) 관련 유전자들의 발현이 증가해 있었고, 제2군(cluster 2)은 유기물질에 대한 반응 및 면역반응 관련 유전자들의 발현이 증가해 있었다. 마지막으로 제3군(cluster 3)에서는 세포 대사(metabolic process) 관련 유전자들의 발현이 증가해 있음을 확인했다.

유전자 집단의 기능적 연관성을 기반으로 분석할 수 있는 홀마크 유전자 세트(Hallmark gene sets)를 활용한 GSEA 분석 결과를 좀 더 자세히 살펴보자. 제1군에서는 세포주기와 관련한 신호전달경로(cell-cycle related pathway)의 항진이 관찰되었고, 제2군에서는 염증 반응 관련 신호전달경로(inflammation related pathway)가, 제3군에서는 남성호르몬 반응 신호전달경로(androgen response pathway)의 항진이 특징적으로 관찰되었다. 세 가지 분자 아형 중에서 특히 제1군이 다른 두 개 군에 비해 전체 생존 기간이 짧아 나쁜 예후를 가진 것으로 확인되었다. 이는 세포주기와 관련한 신호전달경로 중에서 특히 G2M 체크포인트(G2M checkpoint) 및 E2F 타깃유전자(E2F target gene)

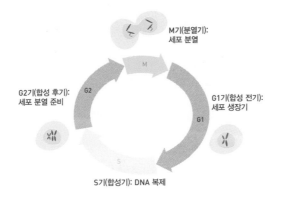

M기(분열기):
세포 분열

G2기(합성 후기):
세포 분열 준비

G1기(합성 전기):
세포 생장기

S기(합성기): DNA 복제

그림 13-1 세포주기.

의 활성화와 밀접한 연관이 있을 것으로 추정된다.

즉, 870명의 전이 거세저항 전립선암 환자가 분자 수준에서 크게 세 가지 유형으로 분류될 수 있음을 제시하고, 각각의 유전자 발현 특성이 다르다는 것을 알 수 있다.

세포주기는 우리 몸속 세포가 성장하고 DNA가 복제된 후 분열하면서 새로운 딸세포 두 개로 분리되는 것을 주기적으로 반복하는 과정에서, 분열의 시작점부터 다음 분열이 일어나기까지의 기간을 의미한다. 대표적으로 G1기(합성 전기: 분열된 세포가 성장하는 시기), S기(합성기: 세포 내 DNA가 복제되어 양이 두 배가 되는 시기), G2기(합성 후기: 세포의 분열과 관련된 생장이 일어나는 때로, 분열을 준비하는 시기), M기(분열기: 핵분열 및 세포질 분열을 통해 하나의 세포가 두 개의 새로운 딸세포로 분열되는 시기)의 네 시기로 나뉜다.

전사체의 특성에 따른 분자 아형 분류를 한 이후에는 어떤 유전자가 가장 중요한 핵심 조절 인자(master regulator)의 역할을 하는지 찾는 것이 중요하다. 이는 향후 신약 개발을 위한 표적 유전자 발굴과 연결되는 지점이다. 우리 연구팀은 제1군 중 특히 예후가 불량한 G1 그룹에서 발현이 증폭되어 있는 101개 유전자를 대상으로 네트워크 분석을 실시해 특히 31개 유전자가 예후에 중요한 것으로 확인했다. 이는 거세저항성 전립선암 환자에서 예후 예측을 위한 바이오마커 유전자 세트로 활용 가능할 것으로 기대된다. 나아가 31개 유전자 중에서도 가장 중요한 역할을 하는 핵심 조절 유전자로 유전자 두 개를 발굴할 수 있었다. 각 유전자가 거세저항성 전립선암의 진행 및 약물저항성과 관련하여 어떠한 역할을 하는지에 대한 분자 기전을 규명하기 위해 다양한 전립선암 세포주(cell line)를 이용한 분자실험을 수행 중이다.

한편, 거세저항성 전립선암을 치료하기 위해 최근 다양한 신약이 개발되었는데, 그중 대표적인 예가 차세대 남성호르몬 차단 약물인 엑스탄디(Xtandi, 엔잘루타마이드)다. 우리 연구실에서는 엔잘루타마이드에 저항성을 보이는 거세저항성 전립선암 세포주 모델을 만들고, 약물저항성의 기전을 찾은 다음,

저항성을 극복할 수 있는 새로운 표적 유전자를 발굴하기 위한 연구를 한다. 이를 위해 NGS 기술을 이용하여 RNA 시퀀싱을 수행하고, 엔잘루타마이드에 저항성을 보이는 세포주와 저항성이 없는 세포주의 유전자 발현 패턴을 대규모로 비교했다.

이를 통해 두 세포주 간에 총 923개의 유전자 발현이 유의하게 차이 나는 것을 발견했다. 이 중 487개는 발현 증가, 436개의 유전자는 발현이 감소하는 양상을 보였다. 유전체 분석 연구를 수행할 때는 도출한 결과가 타당한지를 반드시 검증하는 과정이 필요하다. 이를 위해 다른 연구진이 유사한 조건으로 시행해 이미 공개된 유전체 분석 데이터를 사용한다. 우리는 세 개의 데이터베이스를 이용하여 결과를 검증하는 과정을 거쳤으며, 약물저항성을 보이는 거세저항성 전립선암 세포주에서 두 개의 유전자가 발현 증가, 네 개의 유전자가 발현 감소되는 것이 공통적으로 관찰되었다. 이러한 근거를 갖고 약물저항성을 극복할 수 있는 표적 유전자를 선별해내고, 분자 수준에서 이들 표적 유전자를 조절했을 때, 약물 반응성이 증가하는 사실을 확인하게 되면, 소기의 목적을 달성하게 되는 것이다.

우리 연구팀은 여섯 개의 표적 유전자 후보군 중, 통계적으로 가장 유의한 차이를 보이는 유전자인 *SLC22A3*을 선별하여, 분자실험을 통한 기전 연구를 수행했다. 그 결과, *SLC22A3* 유전자 발현 저하가 엔잘루타마이드 저항성과 밀접한 연관성이 있는데, 이는 세포 내에 암 신호전달경로 중 하나인 히포 신호전달경로(Hippo pathway)에서 핵심적인 *YAP/TAZ*의 항진에 따른 *DNMT1*의 발현 증가로 *SLC22A3* 유전자가 과메틸화(hyper-methylation)됨으로써 *SLC22A3* 유전자 발현이 억제된다는 것을 세포주 실험을 통해 규명했다.

한편, 세포주에서 관찰한 결과에 머무르면 과연 환자에 적용할 수 있을 것인지 의문이 생기게 된다. 따라서 세포주에서 얻은 유전체 분석 결과를, 환자의 유전체 데이터 분석 결과를 활용하여 2차 검증을 하는 과정이 반드시 필요하다. 그런데 환자의 조직에서 유래한 유전체 결과는 쉽게 얻을 수 없으므로, 세포주에서의 검증과 마찬가지로 기존 연구자들의 공개된 유전체 분석 데이터를 잘 활용하는 것이 중요하다. 우리는 세포주에서 확인한 결과와 환자의 공공유전체 데이터를 자체적으로 재분석한 결과가 모두 유사한 형태로 도출되는 것을 확인함으로써, 가설의 타당성을 성공적으로 검증할 수 있었다.

이를 기반으로 환자에서 엔잘루타마이드에 대한 반응성과 관련한 전사체 특성을 분석했다. 엔잘루타마이드에 대한 반응성이 낮은 환자군에서 기저 유형(basal subtype), 신경내분비 세포 특성(neuroendocrine signature), 낮은 남성호르몬 수용체 활성

(low AR activity)이 특징적으로 관찰됨을 밝힐 수 있었다.

그렇다면 왜 엔잘루타마이드 저항성과 같은 약물저항성이 발생하는 것일까? 3상 임상시험 결과를 보면 엔잘루타마이드에 대한 내인성 저항성은 10~20퍼센트에서 발생했으며, 치료 도중 발생하는 획득 저항성은 75~85퍼센트에 이르는 환자에서 발생하는 것으로 보고된 바 있다. 현재까지 제시된 분자 기전으로는 AR의 돌연변이나 합성의 증가 등에 의한 지속적인 남성호르몬 수용체 신호의 활성화, 당질 코르티코이드(glucocorticoid) 수용체나 프로게스테론(progesterone) 수용체 활성 증가 등 AR 우회 신호전달경로나 WNT 신호전달경로 활성 증가, 자가포식(autophagy) 활성 증가, 면역 회피(immune evasion) 등 AR 독립 신호전달경로 등이 잘 알려졌다.

앞서 간략히 언급했듯이, 우리 연구팀은 이미 밝혀진 기전이 아닌 새로운 엔잘루타마이드 저항성 기전을 규명하기 위해 해당 약물에 저항성을 갖는 세포주를 제작하고, RNA 시퀀싱 분석을 통해 SLC22A3 유전자가 엔잘루타마이드 저항성 세포에서 일관성 있게 저하되어 있다는 것을 발견했다. 또 원인을 규명하기 위한 분자실험을 진행했다. 유전자의 발현을 조절하는 인자 중 DNA 메틸화에 특히 주목했으며, 엔잘루타마이드 저항성 세포 및 암 조직에서 SLC22A3 유전자의 프로모터 영역(유전자의 발현이 시작되는 염기서열 부위)에서의 메틸화가 매우 증가되어 있으며, 이는 *SLC22A3* 유전자의 발현 저하와 유의한 수준에서 상관관계가 있는 점을 증명했다.

다음 질문은 자연스레 '왜 엔잘루타마이드 저항성을 보이는 전립선암에서 *SLC22A3* 유전자의 DNA 메틸화가 증가해 있을까?'로 이어진다. 그 원인으로 세포 내 어떠한 변화로 DNA 메틸 전이 효소(methyl-transferase)의 활성이 증가하고, 이로 인하여 *SLC22A3*의 메틸화가 촉진되면서 발현량이 저하된 것으로 추론했다. 엔잘루타마이드 세포 내에서 DNA 메틸 전이 효소의 활성이 증가했음을 실험적으로 확인했으며, 암의 진행이나 약물저항성에 중요한 역할을 하지만 아직까지 엔잘루타마이드 저항성 관련 기전으로 보고된 바 없던 대표적 암 신호전달경로인 히포 신호전달경로의 핵심 인자인 *YAP/TAZ*와의 관련성을 규명하기 위한 실험을 진행했다.

얼핏 보면 전립선암에서 우리가 수행했던 연구는 순수 기초연구에 가깝다. 대부분의 기전 연구가 세포주나 실험용 쥐에서 진행되기 때문에, 임상으로의 연결고리를 찾기 어려울지도 모른다. 하지만 진료실에서 거세저항성 전립선암 환자를 마주하고, 엔잘루타마이드와 같은 약제에 저항성이 생겨 다른 것으로 변경하게 되는 환자들을 보면서 어떻게 하면 내가 실험실에서 발견한 작은 결과들을 이들에게 접목할 수 있을지를 늘 고민하게 된다. 그리고 실험 결과를 해석하고, 다음 실험을 계획하는 과정에서 임상 적용이라는 관점으로 바라보게 된다.

반대로 기존의 지식과 관점에서 해석되지 않는 환자나 어떤 약제도 듣지 않는 말기 암 환자를 접하면서 '왜?'라는 질문을 끊임없이 던진다. 또 이와 관련된 분자 수준에서의 기전이 무엇인지, 어떻게 하면 수많은 질문의 과학적 답을 찾을 수 있을지를 기초연구의 관점에서 고민하게 된다. 이는 기초연구를 수행하는 동시에 환자를 진료하고 치료하는 의사과학자만이 할 수 있는 매우 특별한 역할일 것이다.

14장

장기모사체
오가노이드

오가노이드(organoid)는 일종의 미니 장기(mini organ) 또는 실험실 접시 위의 장기(organ in a dish)인 생체 외 장기모사체다. 줄기세포로부터 특정 계통으로의 분화를 통해서나 특정 장기로부터 추출한 세포들을 특수한 조건으로 배양함으로써 만들어진 3차원 세포 집합체라고 할 수 있다. 오가노이드는 자가 재생 및 자가 조직화가 가능한 특성이 있으며, 구조적인 특성 및 세포의 구성, 나아가 기능적인 측면에서 실제 장기와 유사한 표현형을 나타낸다는 것이 가장 큰 장점으로 알려져 있다. 오가노이드 배양 기술은 3차원 배양을 통해 2차원 세포주 배양법의 한계를 극복한다. 그뿐 아니라 환자 조직으로부터 장기모사체를 실험실에서 구현함으로써 환자의 유전 정보를 반

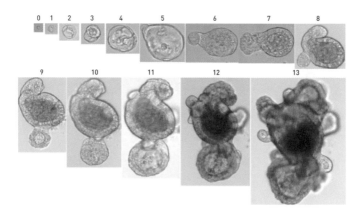

그림 14-1 2009년 네덜란드 위트레흐트 연구소의 한스 클레버스 박사 연구팀에서 최초로 진행한 장 줄기세포를 활용한 장 오가노이드의 배양 과정을 보여주는 데이터. 단일 장세포가 시간이 지남에 따라 다양한 장세포로 구성된 장 오가노이드로 발달해가는 모습을 볼 수 있다.

영한 질환 모델링 및 신약 스크리닝이 가능하다는 점에서 임상적 활용 가능성이 매우 기대된다.

2009년 네덜란드 위트레흐트 연구소(Hubrecht Institute)의 한스 클레버스 박사팀이 최초로 장 줄기세포를 활용한 장 오가노이드를 확립했다. 이후 뇌, 신장, 폐, 간 등 다양한 장기를 실험실 내에서 재현하는 오가노이드 배양 기술이 개발되었다. 2010년 초부터 기술이 급격히 발전하면서 2013년 《사이언스》에서 오가노이드 배양 기술을 가장 진보된 과학적 성과 중 하나로 선정할 정도로 큰 주목을 받았다. 향후 전 세계 오가노이드 시장은 2022년 14억 달러에서 2027년까지 37억 달러

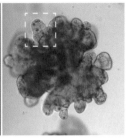

그림 14-2 인간 소장 오가노이드의 면역형광염색 사진(좌측) 및 광학현미경 사진(우측). 소장 오가노이드가 실제 인간의 소장을 구성하는 다양한 세포로 형성되어 있는 것을 대표적인 유전자로 형광염색하여 확인할 수 있다. 파네스(paneth) 세포(DEFA5, 붉은색), 장 내분비(enteroendocrine) 세포(CHGA, 분홍색), 배상(goblet) 세포(MUC2, 녹색).

에 이를 것으로 예상되며, 2022년부터 2027년까지 연평균 복합 성장률(CAGR)은 22.2퍼센트에 달할 것으로 전망된다. 특히, 오가노이드 기술이 가장 발달한 장기인 장 오가노이드 및 신장 오가노이드의 글로벌 시장 가치가 2022년에 각각 320만 달러, 118만 달러에서 2027년에는 각각 340만 달러 및 890만 달러 수준으로 예상돼, 연평균 20퍼센트 이상의 성장률이 기대된다.

최근 전 세계적으로 확산된 COVID-19와 관련하여, 오가노이드 기술을 활용한 매우 주목할 만한 연구 결과가 발표되었다. KAIST 등 국내 연구진의 주도로 사람의 3차원 폐포 오가노이드를 제작한 후 COVID-19 바이러스를 체외에서 감염시키는 기술을 개발했다. 연구진은 사람의 폐포 오가노이드에서 여섯 시간 내 급속도로 COVID-19 바이러스 증식 및 감염이 일어나는 반면, 이를 방어하기 위한 폐세포의 선천 면역반응이 활성화되기까지는 약 이틀이 소요된다는 사실을 세계 최초로 발견했다. 이처럼 오가노이드 기술은 세포주나 동물모델이 아닌 사람의 조직에서 유래한 세포 모델에서 직접적으로 질병의 기전 연구를 빠르게 적용할 수 있다는 큰 강점이 있다.

정상 장기 모사체 외에 암 환자 조직에서 유래한 종양세포를 이용한 암 오가노이드 배양에 성공함에 따라 암 오가노이드도 큰 주목을 받고 있다. 환자 맞춤형 치료를 위해 매우 중요한 도구가 될 수 있는 가능성 때문이다. 한 예로, 2018년 《사이언스》에 전이성 위암 환자에서 유래한 암세포를 이용하여 종양 오가노이드(tumor organoid)를 제작하고, 실제 환자에서의 항암제에 대한 반응성을 정확히 예측할 수 있다는 사실을 규명한 연구가 실렸다. 이러한 근거를 바탕으로 새롭게 개발된 항암제에서, 다양한 암 환자의 약물 스크리닝을 거쳐 가장 치료 효과가 우수한 약물을 효과적으로 선별할 수 있는 최적의 전임상 플랫폼으로서 종양 오가노이드의 가치가 더욱 커지는 추세다.

신개념 모가노이드, 어셈블로이드

우리 연구실에서는 2019년부터 본격적으로 신장암과 전립선 암 환자에서 유래한 정상 및 종양 조직을 이용한 암 오가노이 드 제작을 위한 연구를 시작했다. 이를 위해 종양 오가노이드 분야의 권위자인 서울대학교 생명과학과 신근유 교수 연구팀 과 공동연구를 시작했다.

신근유 교수 연구팀은 인체 조직의 특정 세포만으로 구성된 것이 아닌 조직 내에 존재하는 다양한 세포로 구성된 신개념 오가노이드인 '어셈블로이드(assembloid)' 제작 기술을 세계 최 초로 개발해 2020년 12월《네이처》에 발표했다. 지금까지 개

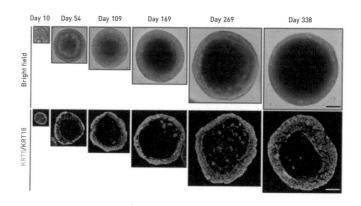

그림 14-3 방광 오가노이드의 장기간(long-term) 배양에 관한 사진. 'Bright filed'는 명시야 광학현미경 사진이며 KRT5/KRT18은 형광현미경 사진이고, 방광세포에서 발현 하는 KRT5(초록색) 및 KRT18(붉은색)이라는 마커로 염색한 데이터이다.

발된 오가노이드 배양 기술은 인체 내 장기의 복잡한 구조를 모사하지 못할 뿐 아니라 조직 내 미세 환경을 구성하는 세포들 없이 상피세포로만 이루어져 있다는 점이 한계였다. 이로 인해 암이나 퇴행성 질환, 치매 등의 복잡하고 다양한 난치성 질병을 체외에서 정확히 모델링하는 데 큰 어려움이 있었던 것이 사실이다.

과거에는 사람의 질병을 모사하는 동물모델(주로 마우스 모델)이 널리 활용되었다. 그런데 동물실험에 대한 윤리적 우려가 제시되었을 뿐 아니라 동물과 사람의 종간 차이로 인해 동물에서 치료 효과를 보인 약물이 사람에서는 제대로 기능하지 않는 일이 빈번하게 관찰되곤 했다. 따라서 사람의 세포에서 유래한 질환 모델링은 질병의 기전을 연구하거나 신약을 개발하는 데 매우 중요한 역할을 한다.

특히 암 환자의 조직에서 유래한 종양 오가노이드는 임상시험을 진행하기 전에 유효성 평가를 대규모로 수행함으로써 실제 환자에서의 임상시험 성공 가능성을 높여준다. 그뿐 아니라 약물 치료 전후의 종양세포의 변화 과정을 실험실 내에서 재현할 수 있으므로 약물저항성에 관련한 분자 기전을 규명하는 데에도 활용할 수 있을 것이다. 궁극적으로 미래에는 암 환자에서 조직검사와 동시에 오가노이드를 배양하고, 어떤 항암제가 우수한 효과를 낼지 실험실 내에서 사전 평가함으로써 치료 방침을 결정하는 가이드 역할을 해줄 정밀의료 플랫폼으로 활용될 것으로 기대된다.

신근유 교수 연구팀은 기존 오가노이드 기술의 한계를 극복하기 위해 방광암 환자에서 유래한 조직을 이용하여 상피세포, 주변의 기질층을 구성하는 세포, 그리고 바깥의 근육층을 구성하는 세포로 구성된 조립형 인체 장기라고 할 수 있는 정상 방광 및 방광암 어셈블로이드를 세계 최초로 개발했다. 어셈블로이드의 가장 큰 장점은 상피세포로만 구성된 기존 오가노이드 기술과 달리 종양 주변 세포를 공동배양함으로써 세포 간 상호작용을 인체와 보다 유사하도록 기술 수준을 끌어올린 점이다. 어셈블로이드 기술은 향후 신약 개발 및 효능 평가를 위한 환자 맞춤형 모델로서 혁신적인 플랫폼의 하나가 될 것이다.

앞서 지적한 대로 기존의 종양 오가노이드 기술은 상피세포에서 유래한 암세포들로만 구성되어 있기 때문에 실제 환자에서의 다양한 종양 미세 환경을 반영하지 못한다는 한계가 있다. 이를 극복하기 위한 방법으로 어셈블로이드처럼 암연관 섬유아세포(cancer-associated fibroblast, CAF) 및 T세포 등 면역세포와의 공동배양 기술 개발 연구가 활발하게 진행되고 있다. 다양한 면역세포와의 공동배양 기술은 최근 암 치료제의 패러다임 변화를 이끌고 있는 면역 항암제의 치료 효과

사람 방광 오가노이드

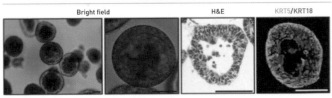

사람 방광 오가노이드와 기질세포

그림 14-4 (위) 사람 방광 오가노이드(Human bladder organoid). 기존의 오가노이드는 방광으로부터 유래한 상피세포로만 구성되어 있다. (아래) 어셈블로이드로 기존의 방광 오가노이드에 기질세포(stroma)를 함께 배양함으로써 보다 인체의 방광에 가까운 모사체를 구현했다(Human bladder organoid with stroma). 기질세포를 나타내는 대표 마커인 비멘틴(vimentin, 붉은색)으로 염색된 기질세포들이 KRT5(초록색)로 염색된 방광상피세포를 둘러싸고 있으며, 방광과 마찬가지로 구형을 이루고 있다. H&E는 헤마톡실린·에오신 염색으로, 조직학적 형태를 관찰하기 위해 가장 흔히 사용하는 염색법이다. 어셈블로이드가 실제 방광의 모양에 더 가까운 것을 알 수 있다.

에 대한 스크리닝 플랫폼으로서 기능할 것으로 기대된다. 신근유 교수 연구팀과는 2019년부터 수술 치료를 받는 신장암 환자를 대상으로 한 종양 오가노이드 제작 연구를 현재까지 200명 이상에서 수행했다. 그리고 오가노이드 배양에 성공한 환자에서 절제된 수술 조직과 종양 오가노이드 간의 조직학적 유사성을 헤마톡실린·에오신(Hematoxylin & Eosin, H&E) 염

236

색을 통해 볼 수 있었다. 분자생물학적 유사성은 CA9, PAX8, CD10 등의 신장암 특이 마커에 대한 면역형광염색을 통해 확인했다. 즉, 종양 오가노이드는 구조적 특성과 특이 마커의 발현이 기원한 암 조직과 매우 유사한 특성을 나타냈다. 향후 암 모델링이나 약물 치료 평가에 활용할 수 있는 플랫폼으로서의 가치를 확인한 것이다.

한편, 공동연구팀의 가장 큰 숙원이었던 신장암 오가노이드와 CAF, CD8$^+$ T세포의 공동배양을 5명의 환자에게서 성공했다. 신장암 어셈블로이드 역시 기원한 암 조직과 유사함을 H&E 염색 및 특이 마커에 대한 면역형광염색을 통해 입증할 수 있었다.

이후, 면역 항암제인 PD-1 억제제를 5명의 종양 어셈블로이드에 1주간 처리한 후, PD-1 억제제의 효과를 각각 비교했다. 종양세포의 증식 또는 사멸 여부를 육안으로 관찰하기 위해 RFP라는 형광물질이 달린 바이러스를 오가노이드에 삽입하여 관찰했다. 그 결과 2명의 환자에서는 종양세포가 사멸하는 것이 관찰된 반면, 3명의 환자에서는 종양세포가 변화가 없거나 오히려 증식하는 결과를 확인했다.

아직은 5명의 환자에서 시도되었기 때문에 보다 많은 환자에서 안정적인 배양 기술로 발전시켜나가야 하는 단계지만, 환자에서 직접 유래한 다양한 세포를 활용한 면역 항암제 효능 스크리닝 플랫폼으로서의 가능성을 입증했다는 점에서 매우 고무적인 성과라고 생각한다.

공동배양 방식에도 크게 두 가지 형태가 있는데, 첫 번째는 환자의 말초혈액을 얻은 후에 말초혈액 단핵세포(peripheral blood mononuclear cell, PBMC)를 분리한 다음, CD8$^+$ T세포를 추출하여 환자 유래의 암 오가노이드와 배양하는 방식이다. 두 번째는 환자로부터 획득한 암 조직을 별도로 분리하지 않고, 조직 자체를 공기 액체 계면(air liquid interface, ALI) 상태로 배양시킴으로써 암세포와 다양한 면역세포가 공존하는 상황을 인위적으로 만들어주는 방식이다.

말초혈액 유래의 T세포를 분리한 후에 암 오가노이드와 공동배양하는 방식은 T세포와 암 오가노이드를 별도 배양 후에 공동배양하는 방식이므로 각각 대량 증식이 가능하다. 따라서 대규모 약물 스크리닝 등을 빠르게 수행할 수 있다는 장점이 있다. 반면 종양 주변의 다양한 면역세포 및 기질세포를 정확히 대변하기 어렵고, 특정 종양 미세 환경 구성 세포로 한정된다는 것이 단점이다. 조직 자체를 공기 액체 계면 상태로 배양하는 방식은 대량 배양이 어려운 한계가 있지만 종양 미세 환경을 구성하는 다양한 세포를 그대로 함유하고 있기 때문에 보다 인체에 가까운 환경이 실험실 내에서 재현 가능하다는 큰 장점이 있다.

앞서 살펴본 신근유 교수와의 공동연구로 수행하고 있는 어셈블로이드 방식과 별개로, 우리 연구팀은 종양 미세 환경 중 특히 면역 항암제와 관련한 CD8$^+$ T세포와 암세포의 상호 작용에도 큰 관심을 두고 있다. 따라서 환자의 암 조직으로부터 직접 추출한 CD8$^+$ T세포와 암 오가노이드와의 공동배양 방식을 적용하여, 신장암 환자에서 면역 항암제 치료 반응성 예측을 위한 암 오가노이드-CD8$^+$ T세포 공동배양 플랫폼 개발 연구를 수행 중이다.

기초과학자와 임상의사의 협업

최근의 의과학에서 단독으로 수행하는 연구는 거의 없다고 해도 과언이 아니다. 대부분의 연구가 임상의사 또는 의사과학자와 기초연구자의 협업으로 이루어진다. 환자를 진료하고, 의학적 미충족 수요를 제기할 수 있으면서, 환자의 샘플을 획득할 수 있는 거시적 관점의 임상의사의 역할과, 환자의 몸 안에서 일어나는 질병과 관련한 세포 수준에서의 변화나 기전을 규명하기 위한 미시적 관점의 기초과학자의 역할이 시너지 효과를 낼 수 있다는 점에서 협업 연구는 점점 더 중요해지는 추세다. 하지만 기초연구자와 임상의사의 협업이 가능하기 위해서는 상호 간 많은 이해와 노력이 필요하다. 모든 협업 연구가 성공적으로 마무리되는 것도 아니다. 따라서 장기간에 걸친 협업 연구를 위해서는 오랜 신뢰를 바탕으로 한 팀플레이가 중요하다.

2016년 5월, 우연한 기회로 방광암 오가노이드 배양법을 세계 최초로 제시한 서울대학교 생명과학과 신근유 교수와 인연을 맺게 되었다. 당시 나는 서울대학교병원 전임의로, 독립적인 연구자로 발을 내딛기 전이었다. 신근유 교수 역시 해외에서 갓 귀국해 국내에서는 신진 연구자라고 해도 무방한 상황이었다. 전임의 신분으로서 선배 교수의 연구를 도우며 신근유 교수와 방광암 오가노이드에 대한 공동연구를 시작했는데, 초기에는 누구나 그렇듯 시행착오를 겪으면서 고생했다. 이후, 내가 삼성서울병원으로 자리를 옮기고 독립적으로 연구를 시작하면서 방광암 오가노이드 연구를 주도적으로 이어나갈 수는 없었다. 하지만 수시로 연락을 주고받으며 앞으로의 연구 방향이나 공동연구를 허심탄회하게 상의하곤 했다.

그렇게 도움을 주고받으며 연구를 이어나가는 동안 연구비, 인력 등 각자의 연구실 상황이 나아졌다. 그러다 2019년 말부터 드디어 신장암과 전립선암 오가노이드를 주제로 공동연구 프로젝트를 본격적으로 준비하게 되었다. 서로에 대한 신뢰 덕분에 공동으로 연구비를 수주하지 않았음에도 큰 무리 없이 현재까지 활발히 연구를 이어가고 있다. 특히 암 오가노이드 수립 기술과 같은 매우 중요한 실험에 대한 모든 프로토콜을 신근유 교수 연구팀에서 우리 연구팀에 공유했고, 나 또한 신 교수 연구팀에서 원하는 이상으로 최대한 많은 양의 다양한 환자 샘플을 제공하고 있다.

인연을 맺은 지 어언 수년이 지난 지금, 나는 여전히 신진 연구자 수준에 머물러 있으면서 어렵게 연구를 하고 있다. 반면 신근유 교수는 방광암 오가노이드 연구로 2020년 세계적 학술지인《네이처》에 결과를 발표하고, 국내 최고 수준의 연구자들만 뽑힌다는 삼성미래기술육성사업에 2021년 오가노이드 기술 개발로 선정되는 등 해당 분야 최고의 과학자로 성장했다. 그럼에도 어려운 초년 시절을 함께한 경험 덕분인지, 여전히 열정을 잃지 않고 나와 활발히 공동연구를 해나가고 있다.

과학기술정보통신부와 한국연구재단이 추진하는 2023년도 '바이오·의료기술개발사업'의 '줄기세포 ATLAS 기반 난치성 질환 치료기술 개발' 부문에 신근유 교수를 포함하여 바이오인포매틱스 분야 권위자인 성균관대학교 원홍희 교수와 공동연구팀을 만들어 지원할 기회가 찾아왔다. 10 대 1의 경쟁률을 뚫고 최종 선정됨으로써, 향후 5년간의 연구 기간

241

동안 국비 47억 5000만 원을 지원받는 큰 성과를 얻게 되었다.

'바이오·의료기술개발사업'은 신약 개발, 줄기세포, 유전체, 차세대 의료 기술 등 미래 유망 바이오 기술에 대한 연구 개발과 인프라 구축을 위한 대형 국책 사업이다. 내가 총괄연구 책임자를 맡은 우리 공동연구팀은 '비뇨기계 전주기 줄기세포 ATLAS 구축을 통한 신줄기세포군 발굴 및 신개념 질환 모델 개발'이라는 이름으로, 단일세포 전사체-공간 전사체를 비롯한 다중오믹스 데이터를 주요 비뇨기계 장기를 중심으로 태아-정상 및 질환 전주기 조직에서 생산하는 것을 목표로 삼고 있다.

이를 바탕으로 줄기세포 ATLAS 구축 및 통합 분석을 수행하는 한편, 환자 유래 오가노이드 모델을 활용한 검증을 통해 새로운 치료제 개발의 기반 기술을 확보할 것이다. 단순히 기초연구에 그치는 것이 아니라 의사과학자가 전체 과제 운영을 총괄하면서, 생물정보학자와 기초연구자 간의 유기적인 협업을 통해, 기초연구에서 발견한 새로운 지식과 기술을 실제 임상으로 적극 진입시키는 것을 목표로 한 연구라는 점에서 크게 주목할 만하다.

또 다른 협업 연구 사례도 있다. 신장암의 면역 항암 치료에 큰 관심이 있었기 때문에, 종양면역이라는 학문(immuno-oncology) 분야를 보다 깊게 연구하고자 2018년부터 KAIST

의과학대학원의 면역학 연구진과 공동연구를 시작하게 되었다. 박사 학위 심사위원 중 한 분이었던 면역학 분야 국내 최고 권위자인 KAIST 의과학대학원 신의철 교수(기초과학연구원 산하 한국바이러스기초연구소 연구센터장)의 '종양면역' 강의를 대한암학회 학술대회에서 듣게 되었다. 그리고 강의가 끝난 후 연구에 대해 이런저런 이야기를 나누는 시간도 가졌다. 이를 계기로 공동연구에 대한 구상을 하기 시작했고, 2018년부터 전향적으로 신장암 환자의 조직과 혈액을 모아나가면서 종양면역세포에 대한 연구를 본격적으로 진행했다.

특히 신장암 분야 국내 최고 전문가인 우리 병원의 서성일 교수와 KAIST 면역학 연구팀의 박수형 교수가 합류하면서 KAIST 기초연구팀과 삼성서울병원 연구팀의 협동 중개연구가 탄력을 받게 되었다. 이후 새로운 면역 항암 치료 타깃을 발굴하기 위한 연구를 지속적으로 수행해왔다. 그 결과, 신장암 환자의 종양 내 면역억제와 관련한 핵심 세포인 조절 T세포(regulatory T cell)의 표적 단백질 CEACAM1을 발굴했다.

기존 면역관문 억제제의 원리가 종양 살상 T세포의 활성을 직접적으로 깨우는 방식이었다면, 면역억제능이 강한 종양 내 조절 T세포만을 선택적으로 제거하는 방식은 기존 면역관문 억제제 치료 효능을 향상시킬 수 있을 것으로 기대된다. 실제로 신장암 환자의 암 조직 및 혈액을 이용하여 종양 내 면

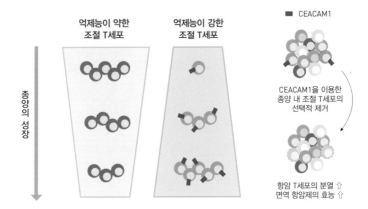

억제능이 약한
조절 T세포

억제능이 강한
조절 T세포

■ CEACAM1

종양의 성장

CEACAM1을 이용한
종양 내 조절 T세포의
선택적 제거

항암 T세포의 분열 ⇧
면역 항암제의 효능 ⇧

그림 14-5 CEACAM1(회색 사각형 박스 표시 분자)은 억제능(종양 침윤 세포독성 T세포를 억제하는 기능)이 강한 조절 T세포에서 많이 발현하는데, 이는 종양의 성장과 반비례한다. 즉, CEACAM1의 발현이 높아질수록 종양 성장이 많이 일어나게 된다(조절 T세포 표면에 회색 사각형 박스가 많아지는 그림). 이러한 원리에 기반하여 CEACAM1을 종양 내 조절 T세포에서 선택적으로 제거하면, 세포독성(또는 항암) T세포 분열이 촉진되고 이에 따라 면역 항암제 효능이 증가한다.

역세포 중에서 특히 CEACAM1 단백질을 발현하는 종양 내 조절 T세포를 선택적으로 제거했을 때, 종양 살상 능력을 가진 T세포의 종양 억제 능력이 크게 향상되는 현상을 관찰할 수 있었다. 나아가 CEACAM1 단백질을 발현하는 종양 내 조절 T세포를 제거함으로써 대표적인 면역관문 억제제인 anti-PD-1 항체의 항암 효능이 월등히 증가되는 것을 규명했다.

연구의 시작부터 첫 번째 연구 성과가 나오기까지 5년이라는 긴 시간이 걸렸다. 신장암에 대한 면역 항암 치료를 직접 담당하는 임상의사와 임상과 동시에 중개연구를 수행하는 의사과학자, 면역 항암 분야에 대한 기초연구자가 신뢰를 바탕으로 긴 호흡을 갖고 유기적 협업을 함으로써, 기존의 치료 통념을 깨는 새로운 개념의 면역 항암 치료 기술을 발견할 수 있었던 좋은 사례. 앞으로 두 번째, 세 번째 연구 성과가 더욱 기대된다.

번아웃으로부터 나를 구한 탈출구

진료와 수술만으로도 일주일의 스케줄이 빡빡한데 학계에 있기 때문에 학회 활동 또한 소홀히 할 수 없다. 근무 시간 외에 학회 업무를 적지 않게 해야 하는 이유다. 시간을 최대한 쪼개 연구에 투자할 수밖에 없어 체력적으로도 상당히 부담되고 스트레스 또한 적지 않다. 대부분의 의과대학 교수가 비슷한 상황일 것이다.

고려대학교 의과대학 의학교육학교실 이영미 교수 연구팀이 최근 《대한의학회지》에 발표한 '한국 의과대학 교수진 번아웃' 연구 결과에 따르면 약 35퍼센트가 정서적 번아웃을 경험했고, 약 50퍼센트는 교수직을 그만두고 싶다는 충동을 느낄 정도라고 한다. 생각보다 심각한 수준의 결과에 연구팀은 소위 '진료, 교육, 연구' 세 가지를 모두 잘해내야만 하는 우리나라 의료 환경의 문제에서 기인한 것으로 분석했다.

나 역시 과도한 업무 부담으로 종종 번아웃이 올 것 같은 때가 있다. 업무 시간 중에는 수술과 수술 사이에 비는 시간이나 외래가 끝난 후에 암병원 뒤편에 있는 산책로를 5~10분 걸으며 이런저런 생각을 하면서 기분 전환을 하기도 한다. 업무 시간 외에 신체적, 정신적 스트레스를 해소해주는 탈출구는 바로 '테니스'다. 같은 과 선배 교수의 권유로 처음 접하게 되었는데, 개인 레슨을 통해 어느 정도 랠리가 가능한 수준이 된 이후로는 삼성서울병원과 서울아산병원 비뇨의학과의 친분이 두터운 교수들이 만든 테니스 클럽에서 정기적으로 복식 게임을 하면서 테니스의 매력에 흠뻑 빠졌다. 일주일에 한두 번 게임을 하는 것도 힘들 만큼 바쁠 때가 많지만, 저녁 약속이 없을 때는 만사를 제쳐두고 참석하려고 노력한다.

운이 좋게도, 우리 병원에는 원내에 코트가 별도로 마련되어 있고, 테니스 동호회도 활성화되어 있어서 가끔 동호회에서도 게임을 즐긴다. 물론 테니스 실력은 요즘 흔히들 얘기하는 '테린이' 수준이긴 하지만, 게임을 즐기는 데 의의를 두고 있다. 테니스는 한두 시간만 뛰어도 온몸이 땀으로 젖을 정도로 운동량이 많아 체력적으로도 큰 도움이 된다. 공이 라켓에 맞는 순간의 타격감은 이루 말할 수 없을 정도로 황홀하다.

진료와 연구가 고도의 집중을 요하는 정적 활동의 영역이라면, 테니스는 땀과 아드레날린을 마음껏 분출하는 동적 활동의 영역이다. 두 활동 간의 적절한 균형이 과도한 업무로 번아웃에 빠지지 않도록 활력과 에너지를 불어넣어주는 비결이 아닐까 생각한다.

자유로운 연구회

1979년 4월, 독일 마인츠 대학 비뇨의학과 우도 요나스 교수는 스위스 취리히에서 열리는 '독일 실험 비뇨의학 학회(The German Society for Experimental Urology)' 연례 미팅에 참석했다. 요나스 교수는 집으로 돌아가는 차 안에서, 학회에 동석했던 동료 교수 귄터 야코비와 비뇨의학 분야 기초과학 연구의 국제적 수준에서의 활성화라는 주제로 몇 시간 동안 토론을 했다. 이후 요나스 교수는 1980년 미국 라스베이거스에서 열린 미국 비뇨의학회(AUA) 연례 미팅에서 절친한 사이인 미국 보스턴 의과대학의 로버트 크레인과도 이러한 아이디어를 논의했다. 그리하여 마침내 연구 결과의 발표나 토의에 있어 언어, 국경, 규칙 등 그 어떠한 제한도 두지 않는 자유로운 연구회인 비뇨기학연구회(Urological Research Society, URS)를 설립하기에 이르렀다. 이는 국제적인 연구회로 발전하여 현재에 이르고 있다.

URS는 각국에서 기초 및 중개연구를 활발하게 하고 있는 비뇨의학 의사 중 선별된 연구자들을 정식 회원으로 초빙하여, 매년 세계 각지에서 연례 회의를 개최한다. 자유로운 형식의 연구 미팅인 동시에, 가족들도 함께 초대하여 해당 지역의 명소를 관광하고 같이 식사하는 등 통상적인 국제 학술대회와는 다르게 깊이 있는 친목을 다질 수 있는 자리다. 동아시아 지역에서는 한국과 일본이 참여하며, 국내에는 URS의 제1호 한국 회원이자 비뇨의학 분야 대표 의사과학자인 충북대학이 의과대학 김원재 명예 교수를 필두로 총 7명의 URS 회원이 있다. 나는 2018년에 초빙되어 활동하고 있으며, 현재까지는 가장 마지막에 합류한 국내 회원이다.

COVID-19의 전 세계적 확산으로 2020년, 2021년에는 미팅이 개최되지 못하다가 드디어 2022년 10월, 미국 버지니아 샬러츠빌에서 URS 2022가 개최되어 다녀오게 되었다. 샬러츠빌은 토머스 제퍼슨 미 대통령의 고향이자 버지니아 대학이 있는 곳으로 잘 알려진 작은 도시. 경치가 아름다울 뿐 아니라 날씨도 우리나라의 초가을 날씨 정도로 매우 청명했다.

이틀간 오전 8시부터 오후 1시까지 20분씩 연구자들의 발표가 계속되는 스케줄로 구성되었는데, 대개의 학술대회장과는 달리 형식에 구애받지 않고 발표와 토론을 이어갔다. 제약을 덜 받다 보니 질문이나 답변도 깊이가 있어 연구를 더욱 잘 이해할 수 있기에 듣는 내내 무척 흥미로웠다.

오전 연구 미팅을 마친 후, 점심 식사를 하고 나서 이후에는 관광 명소 투어를 하는 시간을 갖는다. 소규모의 인준을 받은 회원만을 대상으로 한 미팅이면서 이틀 동안 일정을 함께하기 때문에 언어소통의 장벽에도 불구하고 친분을 깊이 있게 쌓을 수 있는 시간이었던 걸로 기억한다.

2018년 서울에서 개최된 URS 미팅에서 처음 만나 각별히 친분을 이어오던 일본 교토 대학의 아카마쓰 슈스케 교수와 히로사키 대학의 하타케야마 신고 교수는 젊은 나이에도 불구하고 탁월한 업적을 인정받아 최근 나고야 대학병원 및 히로사키 대학병원 비뇨의학과 주임교수로 각각 발탁되었다. 브리티시컬럼비아 대학의 피터 블랙, 베일러 의대의 세스 레너 교수는 비뇨기종양 분야의 세계적 대가로 URS 미팅에서 처음 만나 친구로서의 관계를 쌓아올 수 있었다. 이들을 비롯하여 URS 미팅에서 만나게 되는 많은 우수한 해외 연구자와의 친분은, 비뇨의학 분야를 연구하는 의사과학자로서의 나에게 향후 매우 중요한 국제적인 네트워크가 될 것이라 믿어 의심치 않는다.

15장

의과학과
중개연구의 미래

사회 전반에 걸쳐 4차 산업 혁명이 주요 화두로 떠오르고 있다. 4차 산업 혁명의 핵심 요소는 인공지능(AI)이다. 의료에도 ICT 융합 및 의료 빅데이터를 활용한 AI 기반의 차세대 의료 기술 개발은 미래 의료가 나아갈 방향으로 점쳐지고 있다. 질병의 정확하고 빠른 진단뿐 아니라 예방 및 치료에 접목함으로써, 기존 의료 기술을 혁신적으로 발전시킬 것으로 기대한다. AI에 기반한 디지털 헬스케어 플랫폼의 대표적 예로 IBM에서 개발한 암 진단 솔루션인 '왓슨 포 온콜로지(Watson for Oncology)'가 있다. 2012년, 미국 최고의 암병원 중 하나인 메모리얼 슬론 케터링 암센터에서 처음 도입했다. 국내에서도 2016년 12월 가천의대 길병원이 최초로 '왓슨'을 도입했고 이후 부산대병원, 건양대병원, 화순 전남대병원 등이 차례로 '왓슨 포 온콜로지' 서비스를 시작했다. 왓슨은 IBM이 만든 인공지능으로, 2011년 미국 유명 TV 퀴즈 쇼 〈제퍼디〉에 출연해 〈제퍼디〉 역사상 가장 뛰어난 우승자였던 74연승의 주인공 켄 제닝스와 또 다른 역대급 퀴즈 챔피언이자 최고 상금왕이었던 브래드 러터를 물리치고 4400달러의 상금과 함께 우승을 차지하면서 유명세를 탔다. 왓슨은 1초당 80조 회 연산과 15테라바이트의 메모리를 기반으로 한 엄청난 학습 능력을 가졌다.

암 진단을 위해 왓슨이 보유한 핵심 기술은 환자에 대한 의무 기록 데이터와 연구 문헌 등에서 추출한 자연 언어 처리(natural language processing)와 방대한 양의 데이터를 단시간 내에 스스로 학습하여 분석해내는 기계학습(machine learning)이다. IBM에 따르면, 왓슨 포 온콜로지 플랫폼은 200권 이상의 의학 교과서와 300편 이상의 의학 문헌을 포함해서 약 1500만 페이지에 달하는 의료 정보를 학습했다고 한다. 매년 수만 건에 달하는 논문이 발표되는 엄청난 의학 정보의 홍수 속에서 의사의 능력으로는 도저히 따라잡을 수 없는 한계를 왓슨이라는 인공지능 기술을 통해 극복할 수 있을 것이라는 점에서 큰 기대를 모으고 있다. 작동 방식은 왓슨 포 온콜로지 프로그램에 의사들이 개별 환자의 임상 자료를 입력하면 기존의 발표된 의학 문헌의 연구 결과와 표준 진료 지침 등을 빠르게 분석하여 해당 환자에게 최적의 치료 방침을 권고하는 것이다. 직관적으로 쉽게 알아볼 수 있도록 초록색(추천), 주황색(고려 가능), 빨간색(비추천)의 3단계로 제시된다.

세계 최고의 암 분야 학술대회인 미국임상종양학회(ASCO)에서 2021년 6월, 국내 대표 의료 AI 스타트업인 루닛이 네 편의 연구를 발표하면서 큰 주목을 받았다. 2013년 KAIST 출신의 딥러닝 전문가들이 창업한 루닛은 AI를 이용하여 유방암, 폐암 등의 진단을 보다 빠르고 정확하게 하기 위한 플랫폼을 개발했다. 최근에는 면역 항암제의 치료 반응을 예측할 수 있는 바이오마커 발굴 등 치료 영역으로 확장 중이다.

면역 항암제 치료 반응성 예측을 위하여 암세포 주변의 면역세포의 밀도와 위치 정보를 AI 플랫폼으로 분석하는 '루닛 스코프'는 38만 개의 암세포 표면에서 PD-L1 단백질(암세포의 면역세포 공격 회피 기전에 핵심 역할을 하는 단백질)이 발현한 결과를 조직 슬라이드에서 학습함으로써 완성되었다.

루닛은 기존 검사법과 함께 적용할 경우 치료 반응성 예측 정확도가 88퍼센트까지 올라간다는 점에서 기술력을 인정받았다. 최근 액체 생검 분야 세계 1위 기업인 미국의 가던트헬스(Guardant Health)사와 단독 파트너십 계약을 체결하고 300억 원 투자 유치를 받는 쾌거를 이루기도 했다. 그 밖에도, 폐질환 진단 보조 AI 소프트웨어인 '루닛 인사이트 CXR'과 유방암 진단 보조 AI 기술인 '루닛 인사이트 MMG'가 2020년과 2021년 각각 식약처로부터 혁신 의료 기기로 지정되면서 임상에서 AI 기술을 활용한 진료가 머지않았음을 보여주었다. 혁신 의료 기기는 기술의 적용이나 사용 방법 등의 개선을 통해 기존의 의료 기기나 치료법보다 안전성과 유효성이 개선 또는 개선될 것으로 예상되는 의료 기기를 의미한다. 식품의약품안전처에 혁신 의료 기기 지정을 신청할 수 있고, 혁신 의료 기기로 지정된 의료 기기는 개발 단계별 심사 및 우선 심사 등의 인허가 특례를 받을 수 있다.

딥바이오는 2015년 KAIST 전산학부 출신의 공학도가 설립한 AI 기반의 진단 기업이다. 조직의 병리 사진을 AI로 판독하는 'AI 딥러닝 병리 이미지 진단 솔루션' 개발을 주력으로 한다. 특히 전립선 침생검을 통해 얻은 조직 슬라이드 이미지를 이용해 AI로 학습된 소프트웨어가 암 조직 포함 여부를 알려주는 'DeepDx Prostate'는 5년 이상 경력의 숙련된 병리과 전문의의 판독 결과와 비교했을 때, 98.5퍼센트 민감도와 92.9퍼센트 특이도를 보였다. 또한 병리과 전문의가 암의 유무를 확인하는 데 소요되는 시간도 크게 단축되는 효과를 보였다. 최근 AI 체외 진단용 소프트웨어로 식약처 허가를 얻어냈을 뿐 아니라 2021년 4월 미국에서 '혁신의 오스카상'으로도 불리는 '에디슨상(Edison Award)'에서 은상을 수상하며 혁신성과 기술력을 인정받은 바 있다. 따라서 향후 의료 현장에서 병리 의사의 판독 업무를 보조할 수 있을 것으로 기대를 모으는 중이다.

이처럼 진단 영역에서는 이미 AI의 시대가 성큼 다가왔다. 그렇다면 치료 영역에서는 어떨까? AI를 활용한 치료제 개발에서 가장 주목할 만한 영역은 바로 신약 개발일 것이다. 특히 방대한 환자의 임상 데이터뿐 아니라 유전체 정보를 비롯한 대규모 오믹스 데이터를 통합적으로 해석하는 동시에 질병 단백질과 화합물 간의 상호작용을 시뮬레이션을 통해 예측함으로써 가장 최적의 치료 후보제를 빠르고 정확하게 찾아낼 방법은 결국 AI에 기반한 딥러닝 기술을 활용하는 것일 터다.

의사과학자 육성의 필요성

앞서 언급한 바와 같이, 생명과학의 눈부신 발전과 더불어 기초연구의 성과를 빠르게 임상에 접목하는 응용연구가 활성화되면서 새로운 진단 및 치료 기술, 신약의 개발에 이르는 주기가 점차 단축되는 추세다. 심지어 임상시험을 통해 신약의 효과를 검증한 후에 기전 연구로 다시 돌아가는 방식도 활발해지면서, 기초와 임상 연구의 전 주기를 이해하고 총괄할 수 있는 의사과학자에 대한 요구가 더욱 늘고 있다. 그뿐 아니라 4차 산업 혁명 시대를 맞아 주요 대형 병원들이 스마트병원 또는 첨단미래병원 등의 기치를 내걸고 정밀의학 및 맞춤형 의료의 구현과 새로운 바이오, 의료 기술의 개발, 부가가치 창출을 위한 청사진을 제시하고 있다. 국가적으로도 바이오 및 헬스케어 산업이 차세대 먹거리로 가장 핵심적인 산업 분야가 될 것으로 전망한다. 이를 짊어지고 갈 새로운 의사상으로서 의사과학자의 역할이 점차 커지고 있다.

미국, 일본 등 선진국에서는 오래전부터 의사과학자의 중요성을 인지하고, 의과대학 커리큘럼에 독립적인 의사과학자 양성 시스템을 만들어, 안정된 체계 아래 장기간에 걸쳐 의사과학자를 양성해왔다. 선진국의 의사과학자 양성 시스템 중 가장 대표적인 예는 미국의 MSTP(Medical Scientist Training Program)다. 이는 국립보건원와 국립일반의료과학연구소(National Institute of General Medical Sciences, NIGMS)가 지원해, 1964년 수립된 이후 현재까지 약 170만 명의 의사과학자를 길러냈다. 미국 내 50개 의과대학이 참여하고 있으며, 매년 1000여 명을 선발하여 연간 1만 5000달러 정도의 장학금을 총 8년 과정 동안 지원한다. 특히 의과대학 본과 2년간의 임상 교육을 받은 이후, 4~5년 기초연구실에서 연구만을 수행하는 시간을 거치게 되고, 이후 남은 2년 동안 본과 임상 실습을 수료하면, 비로소 M.D.-Ph.D. 학위를 수여하게 되는 집중 훈련을 받는다. 우리나라 교육체계로 따지면 8년간의 본과 생활을 하게 되는 매우 어려운 과정인 셈이다. 그러나 최근 20년 동안 무려 14명의 MSTP 출신 의사과학자가 노벨 생리의학상 수상자로 선정되었다는 점에서 의사과학자의 무한한 가능성을 엿볼 수 있다.

미국의 대표적 연구 중심 대학인 매사추세츠 공과대학(MIT)은 1970년부터 하버드 의과대학과 의사과학자 양성 프로그램인 하버드-MIT 헬스 사이언스 앤드 테크놀로지(Harvard-MIT Health Sciences and Technology, HST)를 설립하고, 연간 30명(약 2퍼센트)의 입학생을 융합형 의사과학자로 배출해왔다. 이는 전 세계적으로도 가장 오래된 학제 간 융합 프로그램 사례로 손꼽힌다. 특히 정식 커리큘럼을 통해 의학 외에도 생물학, 화학, 물리, 공학에 중점을 두고, 하버드 및 MIT 교수진의 지도 아래 다양한 의학 및 임상 분야의 학제 간 융합 연구에 참여할 기회를 제공받는다. 이와 더불어 M.D.-Ph.D. 통합 학위 프로그램이라는 별도의 트랙을 운영함으로써, HST 과정에서 훈련된 의사과학자로서의 역량이 M.D.-Ph.D. 과정을 통해 더욱 강화될 수 있도록 하여 최고의 의사과학자를 양성하는 획기적 시스템이다.

나는 2024년 1월부터 1년간 미국 노스캐롤라이나주의 채플힐에 위치한 노스캐롤라이나 의대 부속병원 소속의 윌리엄 킴 교수 연구실에 교환 교수로 연수를 다녀올 예정이다. 윌리엄 킴 교수는 비뇨기암을 전문으로 치료하는 종양내과 전문의인 동시에 노스캐롤라이나 의대 부속병원 내 라인버그 암센터(Lineberg Comprehensive Cancer Center) 소속의 정밀의료 프로그램 총괄 책임자다. 연수 기간 동안 우리 병원의 암유전체 빅데이터와 라인버그 암센터의 데이터베이스, 노하우를 활용한 국제 공동연구로의 확장을 계획 중이다. 윌리엄 킴 교수는 2019년 노벨 생리의학상 수상자인 데이나파버 연구소의 윌리엄 케일린 교수 연구실에서 5년간 박사후연구원을 마친 의사과학자다. 업무의 90퍼센트가 기초·중개연구이고, 나머지 10퍼센트가 환자 진료 및 치료와 관련한 업무를 보는 연구 중심 진료 의사인 것이다.

우리나라에서는 이런 형태의 의사가 대학병원에 존재하기 어려운데, 병원의 수입 구조가 대부분 진료 수익에서 기원하기 때문이다. 윌리엄 킴 교수의 경우 일주일에 하루만 외래 환자를 보는 업무를 수행하고, 1년에 2주간 입원 환자를 보는 기간이 있다고 한다. 나머지 90퍼센트의 시간은 연구비를 수주하기 위한 연구계획서 작성, 연구원이나 대학원생과의 연구 관련 미팅, 병원 및 연구소 내 주요 연구 조직들과의 프로젝트

미팅 등을 위해 사용하고 있다.

　우리나라는 대학병원 의사의 인건비(급여)는 전적으로 병원 진료에 의존하고 있는데, 만약 진료량을 10퍼센트대로 줄일 경우 병원 입장에서는 매우 큰 손해가 아닐 수 없다. 따라서 현실적으로 진료량을 과감하게 줄이면서 연구에 시간을 투자하는 것은 매우 어려운 시스템이다. 윌리엄 킴 교수의 경우를 통해 미국의 시스템을 간접적으로 들여다보면, 병원에서는 10 퍼센트의 진료량에 대한 인건비만을 지급하는 대신, 본인이 수주한 연구비에서 나머지 인건비를 보전받게 된다. 그리고 진료를 90퍼센트 줄인 데서 오는 병원 수익의 감소 또한 연구비의 간접비라는 형태로 충분히 보전이 가능한 구조로 운영되기 때문에 의사과학자들은 본인의 관심도와 현실적인 여건에 따라 자유롭게 진료량과 연구량 조절이 가능하다는 큰 장점이 있다.

　전임의(fellow) 시절 일본 오사카 대학병원을 2주간 방문한 적이 있다. 당시 병원의 규모나 외래, 수술 등의 임상 실적은 우리나라의 대학병원과 비교하면 절반 정도의 수준에 불과했다. 그런데 특이하게도 과에서 운영하는 대규모의 랩이 별도로 있었으며, 한 명의 교수(우리나라의 경우는 과장 또는 주임교수)를 정점으로 중견 및 젊은 교수진으로 구성된 연구팀을 갖추고 있었다. 물론 이들은 직접 환자를 보는 비뇨의학과 의사다.

261

전공의를 수료한 후, 군대를 가거나 전임의 과정으로 가는 우리나라와 달리 일본에서는 해당 과의 대학원 박사 과정으로 들어가 기초연구 학위 과정을 밟게 되며, 박사 학위 취득 후에는 반드시 미국이나 유럽에 박사후연구원으로 2년 이상의 연수를 다녀온다고 한다. 임상 중심의 우리나라 수련 시스템을 감안할 때, 임상 수련 후 기초 학위 및 박사후연구원 과정이 대학병원에서 일하고자 하는 사람이라면 모두가 거쳐야 하는 전통이라는 말을 듣고 매우 놀랐던 기억이 난다.

　당시 오사카 대학병원 비뇨의학과 주임교수였던 노리오 노노무라 박사와 식사를 한 적이 있다. 이 자리에서 젊은 비뇨의학과 의사로서 앞으로 어떤 포부와 비전을 가지고 임상과 연구에 임해야 하는지에 대한 많은 조언을 들을 수 있었다. 특히 인상적이었던 것은 "왜 일본은 임상의사가 전공의를 수련한 후, 대학원 풀타임 박사 학위 과정을 거치고, 박사후연구원까지 다녀오는 긴 시간을 기초연구에 쏟는가?"란 나의 질문에 노노무라 박사는 "우리는 인체를 다루고 질병을 치료하는 의사지만 단순히 가이드라인이나 임상시험 데이터에만 기반해서 진료를 한다면 현재 해결하지 못하는 난제를 극복하기 어렵고 새로운 진단이나 치료를 찾아낼 수 없게 된다. 기초 학위 과정 등을 오랜 시간 거치면서 질병을 대하는 사고 회로를 '현상'이 아닌 '기전'을 중심으로 작동할 수 있도록, '어떻게?'

보다는 '왜?'라는 질문을 끊임없이 던질 수 있도록 하기 위해서다"라는 답을 들려주었다.

병을 진단하거나 치료를 할 때, 단순히 눈에 보이는 현상이나 알려진 데이터와 지식에만 기대는 것이 아니라 현상의 이면에 있는 '기전'을 중심으로 '왜' 그렇게 되는지를 이해하고자 하는, 임상과 기초를 관통하며 이해할 수 있는 의사과학자의 역할과 마음가짐을 말해준 것이 아닐까 생각한다. 일본의 수련 시스템이 반드시 옳다고만은 할 수 없겠지만, 의과학 분야에서 탁월한 성과를 지속적으로 내고 있는 저변에는 임상과 기초를 병행해가는 독특한 문화가 큰 역할을 하고 있음은 분명하다.

우리나라 의학교육은 전통적으로 환자 진료와 관련한 임상의사 양성이 중심이다. 대부분의 의과대학 졸업생이 임상의사로 진로를 선택하고 있는데, 매년 1700명 정도(약 4퍼센트)의 의사과학자가 배출되는 미국과 달리, 우리나라는 연간 약 3300명의 의과대학 졸업생 중 기초의학을 진로로 선택하는 졸업생은 1퍼센트에도 못 미칠 정도로 척박한 현실이다. 정부에서도 의사과학자 육성의 중요성을 인지하고, 수년 전부터 이를 위한 제도적 개선 노력을 해오고 있다. 대표적인 사례가 '융합형 의사과학자 양성 사업'이다. 사업을 주관하는 한국보건산업진흥원에 따르면, "바이오메디컬 융·복합 연구가 가능한 의사과학자를 양성하기 위해 의사에게 기초의학, 자연과학, 공학 등 타 학문의 교육 및 연구를 지원하는 것"을 목표로 하고 있으며, 궁극적으로 "융·복합 연구 결과를 활용해 질병의 치료 및 신약·의료 기기 개발에 기여하는 것이 최종 목표라고 한다.

기존의 전일제 대학원 과정에 있는 M.D.-Ph.D. 지원 사업들과는 달리, 기초의학 외에도 임상에 참여하는 전공의들을 대상으로 임상 수련과 학위 과정을 병행하도록 지원하는 것이 특징이다. 2019년 전국적으로 31명의 전공의를 선발하여 지원했고, 연간 1억 원씩 4년을 지원하는 적지 않은 규모의 사업인데, 전체 예산도 약 10억 원에서 2020년 37억 원으로 증액되었다. 그뿐 아니라 2019년 전공의 대상의 시범 사업에서 2020년에는 전일제 박사 과정, 2022년에는 의과학자 학부 과정을 추가 지원함으로써 전 주기적 양성 체계로 발전하는 추세다.

이러한 분위기 속에, 2021년 10월 정부는 드디어 실질적 제도 개선을 위하여 보건복지부 및 교육부 등 정부 부처 관계자와 의료계 전문가가 참여하는 '의사과학자 양성을 위한 범부처 협의체'를 발족했다. 이를 통해 2021년 말까지 의사과학자 육성을 위한 5개 과제 개선안에 대한 구체적 추진 전략을 수립하겠다고 발표했다. 다섯 가지 과제는 ① 의학과 이·공학

융합 교육을 위해 현행 '예과 2년+본과 4년' 의과대학 교육과정 개편, ② 의사과학자 군복무 문제 개선, ③ 의과대학 평가 개선, ④ 기초의학 및 의과학 연구 활성화, ⑤ 의과학자 진로 다양성 확대를 위한 연구의사 생태계 조성 방안이다.

이를 통해 단순히 예산 지원이나 단기적 정책 수립에 그치는 것이 아닌 근본적인 시스템을 개선함으로써 향후 의사과학자를 효율적으로 양성하기 위한 시금석이 될 것으로 기대된다. 최근 개최된 '2023 융합형 의사과학자 양성 사업 수료식 및 간담회'에서 발표한 바에 따르면, 의과대학 졸업생의 99퍼센트 이상이 임상 진로(전공의, 전문의)를 택하던 이전과 달리 정부의 적극적 지원 후에는 매년 약 3퍼센트(110명 내외)의 졸업생이 의사과학자로 신규 진입하는 성과를 보이고 있다고 한다.

2020년 기준 전 세계 바이오헬스 시장 규모는 1조 7000억 달러 규모(약 2040조 원)로, 반도체 산업 시장 규모(약 4400억 달러)보다 네 배가량 큰 것으로 알려져 있다. 그 정도로 바이오헬스 시장은 차세대 먹거리의 선두 주자로 인식되고 있다. 2023년 2월 28일 영빈관에서 개최한 '바이오헬스 신시장 창출 전략 회의'는 대통령이 직접 주재했다. 이 자리에서 대통령은 "바이오헬스 산업을 국가의 핵심 전략 산업으로 육성하고, 벤처와 청년들이 이 분야에 도전하고 주도해나갈 수 있도록 한국형 보스턴 클러스터 조성도 적극 추진함으로써, 바이오헬스 산업을 제2의 반도체 산업으로 키우겠다"는 의지를 표명했다. 특히 의사과학자를 국가 전략 관점에서 양성할 방안을 복지부, 교육부, 과기부가 빠르게 준비할 것을 당부하기도 했다는 점에서 향후 범국가적 차원에서 바이오헬스 산업의 육성 및 의사과학자 양성을 지속적으로 추진해나가리라 기대된다.

이는 전 세계적인 추세이기도 한데, 미국의 조 바이든 대통령은 2022년 2월 향후 25년 동안 암 사망률을 50퍼센트 이상 낮추기 위해 부통령 시절부터 추진했던 '캔서 문샷(Cancer Moonshot)' 프로젝트를 재개한다고 선언했다. 캔서 문샷 프로그램은 2017년부터 7년간 총 18억 달러(약 2조 2000억 원)를 투입해 새로운 면역 항암제, 난치성 희귀암 치료제, 암 백신 등의 개발을 목표로 한 암 정복 프로젝트다. 2015년 뇌종양인 교모세포종으로 46세의 이른 나이에 세상을 떠난 바이든 당시 부통령의 장남 보 바이든의 죽음이 캔서 문샷 프로젝트를 책임지고 추진해나간 동력이었던 것으로 알려져 있다. 나아가 바이든 대통령은 2022년 9월 '국가 바이오 기술 및 바이오 제조 이니셔티브(National Biotechnology and Biomanufacturing Initiative)' 출범과 관련한 행정 명령에 서명하고, 지속 가능하고 안전한 미국 바이오 경제를 키우고 글로벌 이니셔티브를 확보하기 위해 향후 각 부처별로 최대 20억 달러(약 2조 8000억)

규모의 투자를 진행할 계획이라고 발표했다.

나는 임상과 기초·중개연구를 병행하다 보니 진료를 할 때는 연구의 관점을 갖고 환자를 대하고, 연구를 할 때는 임상적 관점을 갖고 데이터를 바라보는 독특한 경험을 하고 있다. 진단과 치료 과정에서 진료 지침을 비롯한 근거에 기반한 (evidence-based) 결정을 하는 것 외에, 끊임없이 '왜?'라는 질문과 함께 '기전'이 무엇일까를 생각하는 습관을 갖게 되었다. 그래서 연구실의 박사후연구원들과 격주로 진행하는 새로운 연구 주제 논의를 위한 미팅 때, 평소 생각해오던 질문과 의문점을 풀어놓게 된다. 환자를 진료하면서 연구를 위한 일종의 브레인스토밍을 하고 있는 것이다.

반대로 연구 진행 상황과 데이터를 논의하는 랩 미팅 때는 최대한 임상적 관점으로 생물학적 데이터를 해석하고자 노력한다. 유전체 데이터를 분석하고 해석하는 바이오인포매틱스 팀과 분자실험을 수행하고 데이터를 분석하는 분자실험팀의 관점에서는 놓칠 수밖에 없는 환자라는 관점을 데이터 해석의 중심에 둘 수 있도록 하는 것이다. 생물학적 데이터를 이해하고 해석하는 능력을 충분히 갖추지 않은 상태에서는 이러한 가교 역할은 쉽지 않다. KAIST에서 전일제 박사 과정 동안의 연구 경험이 큰 밑거름이 되었다고 생각한다.

하지만 연구의 관점으로 환자를 대하는 과정에서 예상치 못한 어려움도 종종 경험한다. 연구에 참여해달라고 요청해야 하는 환자는 주로 진행성이나 전이암을 가지고 있기 때문에 말을 꺼내기가 쉽지 않다. 환자와 가족들 앞에서 담담하게 4기 암을 선고하는 것이 의사로서도 심적 부담이 있는 데다, 절망적인 소식을 들은 환자에게 "당신의 조직과 혈액 샘플을 연구용으로 제공해주십시오"라는 말을 꺼내기도 어렵다. 실제로 채혈 등의 과정을 강하게 거부하는 환자도 있다. 하지만 대부분의 환자는 연구를 통해서만이 새로운 치료와 진단 기술을 개발할 수 있고, 궁극적으로 비슷한 질병으로 고통받는 다른 환자들에게 혜택을 줄 수 있는 기부의 개념이라는 점을 차근차근 설명하면 흔쾌히 동의하는 편이다. 인생에서 가장 두렵고 힘든 시기에 연구를 위해 본인의 조직과 혈액 등을 기꺼이 제공하기로 동의해준 환자들께 무한한 감사와 경의를 표한다.

왜 지금, 의사과학자인가

2020년, 전 세계에 창궐한 COVID-19 바이러스로 인류는 한 번도 경험해보지 못한 위기에 직면했다. 눈에 보이지도 않을 정도로 미세한 바이러스가 COVID-19 이전과 이후 시대로 나눌 정도로 인류의 삶 전반에 걸쳐 모든 것을 바꾸어버렸다. COVID-19 발생 초기에는 전염력뿐 아니라 중증도 및 치사율 또한 무시무시한 수준이어서 전 세계적으로 많은 사람이 감염으로 죽음에 이르렀으며, 봉쇄와 록다운 외에는 해결의 실마리가 보이지 않았다. 그런데 이러한 상황을 역전시키는 계기가 된 것이 바로 COVID-19 유전자 염기서열의 빠른 분석과 데이터의 공유, 이에 기반한 mRNA 백신 기술의 개발이었다.

2001년에 시작된 인간 유전체 해독을 위한 인간게놈프로젝트(Human Genome Project)를 비롯한 수많은 유전체 분석 프로젝트의 십수 년에 걸친 노하우와 기술력의 발전이 COVID-19의 실체를 밝히는 데 결정적 역할을 한 것이다. 특히 미국 국립보건원 역사상 최장수 원장이며, 인간게놈프로젝트를 포함한 다양한 유전체학 연구 이니셔티브를 이끌면서 역사에 한 획을 그은 프랜시스 콜린스(Francis Collins)는 1977년 노스캐롤라이나 의과대학에서 의학박사 학위를 취득한 후 내과 수련을 마친 임상의사 출신이자, 다양한 인간 유전질환을 연구하는 의사과학자다.

차세대 암치료제로 주목받던 mRNA 치료 기술이 암이 아닌 백신 치료에 적용되면서 새로운 방식의 혁신적인 백신 개발로 이어진 스토리에서도 의사과학자의 중요성을 엿볼 수 있다. COVID-19 백신 개발에 기여한 공로를 인정받아 2023년 노벨 생리의학상 수상의 주역 중 한 명이 된 펜실베이니아 의대 드루 와이스먼 교수는 미국 보스턴 대학 의과대학을 졸업한 후, 베스 이스라엘 디코 메디컬 센터(Beth Israel Deaconess Medical Center)에서 레지던트를 거쳐 미국 국립보건원 소속의 국립 알레르기 및 전염병 연구소에서 펠로십을 거친 의사이자 면역학자인 의사과학자다. 현 바이오엔테크 부사장인 카탈린 카리코 수석부사장과의 공동연구로 mRNA 변형 기술을 통해 인체 내 선천 면역반응을 회피하고, mRNA의 체내 안정성을 높이는 기술을 처음으로 고안함으로써 mRNA

기반 COVID-19 백신 개발의 핵심 원리로 활용했다. 한편 다국적 제약회사인 화이자와 함께 세계 최초로 COVID-19 백신 개발에 성공해 세계적 이목을 끌었던 독일의 바이오엔테크는 튀르키예 이민 2세 출신 우구어 자힌과 외즐렘 튀레치 부부가 공동 창업했다. 이들 역시 임상의사 출신이면서, mRNA 기반의 면역 항암 치료제 개발 연구에 주력해온 의사과학자다.

COVID-19 백신 개발의 성공 스토리는 임상의사 출신의 의사과학자들이 보여준 의과학 연구의 위대한 성과라 할 수 있다. 앞으로 왜 의과학 연구에 많은 투자가 이루어져야 하는지, 왜 의사과학자를 양성해야 하는지를 보여주는 대표적인 사례라 할 것이다. 여전히 우리는 COVID-19를 완전히 해결하지 못했으며, 앞으로도 COVID-19가 아닌 새로운 생물학적 위협에 직면하게 될지도 모른다. 따라서 예기치 못한 새로운 질병에 유연하게 대처하기 위해서는 의과학 연구의 중요성을 인식하고, 이를 담당할 핵심 인력들을 체계적으로 양성해나가며, 기초과학자 또는 기초의과학자와 임상의사, 그리고 의사과학자가 서로의 경계를 허물고 유기적인 협력을 이룰 수 있는 시스템을 마련하기 위해 사회적 비용을 지속적으로 투입해야 할 것이다. 현재의 시스템처럼 전문의를 마친 후에야 기초연구를 경험하는 것이 아니라, 전공의 시절이나 그

보다 앞서 의과대학 시절부터 의사과학자로서의 비전을 가지고 성장해나갈 수 있는 로드맵을 세우는 것이 중요하다. 임상교육과 동시에 양질의 기초연구 과정을 긴 호흡을 갖고 경험할 수 있다면, 더욱 탄탄한 기본기와 실력을 갖춘 의사과학자가 양성될 수 있을 것이다.

한 명의 의사가 평생에 걸쳐 열심히 환자를 보더라도 수만 명 정도를 치료할 수 있는 반면, 새로운 방식의 COVID-19 백신을 개발함으로써 전 세계 수십억 인구의 건강을 지키고 생명을 구하게 된 엄청난 일을 의사과학자들이 해냈다. 독일 바이오엔테크의 주가도 2020년 말 약 24퍼센트가 급등해 시가총액이 219억 달러(약 25조 원)로 치솟았는데, 단순히 진료만으로 벌어들이는 수익과는 비교할 수 없을 정도의 어마어마한 부가가치를 창출해낸 것이다. 머지않은 미래에 우리에게도 이런 꿈같은 일을 이루어줄 의사과학자가 반드시 나오게 될 것이라 믿는다.

최근 의료계와 과학기술계를 중심으로 의사과학자 양성의 필요성에 대한 목소리가 점점 커지고 있다. 특히 우리나라의 대표적 과학기술 특성화 대학인 KAIST와 포스텍에서는 과학기술의학전문대학원이라는 새로운 교육 시스템을 통해 의학과 공학에 특화된, 임상을 보지 않는 연구 중심의 의사과학자를 양성하기 위한 제도 도입을 추진 중이다. 정부에서도 정권

나가며

의 성향과 관계없이 바이오·헬스 분야의 중요성을 강조함과 동시에 의사과학자 양성을 국정 과제로 삼고, 이를 실현하기 위한 방법을 모색 중이다.

　의사과학자는 의학을 체계적으로 배운 의사 출신 과학자로, 임상보다는 기초·중개연구에 몰입하는 의사과학자는 분명 의과학 연구의 핵심 인력이며, 지금보다 더 많은 의학도가 의과학 연구에 뛰어드는 것이 바람직하다고 생각한다. 하지만 모든 의과학 연구의 시작과 끝은 질병을 가진 환자일 수밖에 없음을 잊지 말아야 한다. 단순히 의과대학을 졸업하는 정도로는 질병을 깊이 이해하고, 환자들에게 필요한 의학적 미충족 수요가 무엇인지를 꿰뚫는 통찰을 갖는 것이 불가능할 것이다. 오랜 기간 임상 현장에서 경험을 쌓은 동시에, 의과학 연구를 깊이 있게 수행할 역량이 되는 임상에 기반을 둔 의사과학자 양성을 위한 시스템을 마련하는 것이 더욱 필요하다.

　현 의료 환경에서 의사과학자로 살아가기에는 임상에 대한 부담이 너무 크다. 그러므로 이미 양성된 의사과학자들이 환자는 최소한으로 보면서 연구에 몰입할 수 있도록 제도를 재정비하고 지원하는 노력이 절실히 요구된다. 의사과학자의 양성도 중요하지만 이들이 안정적이고 지속적으로 연구를 이어나갈 수 있도록 제대로 된 환경을 만들어주는 일도 필수적이다.

　'임상의사가 왜 기초연구를 하는가?' 여전히 많은 사람이

내게 던지는 질문이다. 환자 치료에만 집중해도 모자라는 시간에 기초연구를 하는 것을 두고 개인적 관심이나 유별남으로 돌리기도 한다. 임상 영역에서 진단과 치료는 나날이 발전하고 있고, 임상의사의 역할을 제대로 수행하는 것만으로도 벅찰 때가 많은 것이 사실이다. 대답이 될지 모르겠지만 다음 사례들을 통해 답해보려고 한다.

2022년 6월, 전이 신장암과 치열하게 싸우며 치료를 받아오던 환자가 더 이상 손쓸 수가 없는 상황이 되어 호스피스로 전원을 결정하게 되었다. 환자의 아내와 아들은 의사를 향한 원망보다는 눈물을 보이며 그간 열심히 잘 싸워주어서 감사하고, 돌아가시게 되면 꼭 다시 찾아와 감사 인사를 하겠다는 말을 해주었다. 가슴이 뭉클해지고, 눈시울이 붉어지는 순간이었다. 4년간의 긴 사투를 벌였지만 결국은 암이라는 무서운 침략자에 무릎을 꿇을 수밖에 없었기에 의사로서 좌절감이 드는 순간이었다. 한편으로는 조금만 더 빨리 항암제에 대한 저항성을 예측하고, 최적의 항암제를 선별할 기술이 있었다면, 여러 항암제에도 불구하고 악화된 상황에서 이를 극복할 새로운 치료제가 있었다면 환자를 잃지 않았을 것이라는 생각이 들었다.

2020년, 혈뇨로 내원한 환자 한 분이 진단과 치료 과정에서 나를 비롯한 담당 의료진과 병원에 큰 고마움을 느끼고, 연구

기금으로 3000만 원이라는 큰돈을 기부한 일이 있다. 이 연구 기금은 우리 연구팀이 전립선암 환자에서 약물 치료 저항성과 관련한 기초연구를 수행하는 데 소중한 재원으로 쓰였다. 이 연구를 통해 국내 특허 2건, 해외 특허 1건과 함께 국제 학술지에 연구를 발표하는 성과를 냈다. 해당 연구 결과를 기반으로 현재는 국내 및 해외 제약회사로부터 연구비 지원을 받아 전립선암 치료제 개발을 이어나가고 있다. 미국 등 선진국에서는 환자를 직접 보면서 기초연구를 병행하는 의사과학자가 환자로부터 많은 연구기금을 기부받는 문화가 정착되어 있는 반면, 국내에서는 아직 낯선 탓에 나에게는 잊을 수 없는 기억으로 남아 있다.

불현듯 찾아오는 뜻밖의 경험들을 통해 내가 왜 임상의사이면서 기초연구를 해야 하는가에 대한 이유를 다시금 깨닫는다. 연구를 위한 연구가 아닌, 환자로부터 질문을 던지고, 환자로부터 얻은 다양한 시료와 임상 정보, 유전체 정보 등을 분석하고, 다시 환자에게 연구의 결과를 적용하는 중개연구의 매력, 그리고 환자와 직접 소통하고 그들의 작은 지원이 보다 큰 결실로 이어지는 씨앗이 될 수 있다는 희망이 내가 의사과학자의 길을 포기하지 않고 걸어갈 수 있는 원동력이자 이유일 것이다.

참고 자료 및 그림 출처

참고 자료

'The Nobel Prize in Physiology or Medicine 2018.' The Nobel Prize, 20 November 2023, url: https://www.nobelprize.org/prizes/medicine/2018/summary

한국보건산업진흥원, 〈제6회 헬스케어 미래포럼 자료집〉, 2020

'국가암정보통계.' 2023년 11월 20일 url: https://www.cancer.go.kr

'World's Best Specialized Hospitals 2023.' Newsweek, 20 November 2023, url: https://www.newsweek.com/rankings/worlds-best-specialized-hospitals-2023

'World's Best Specialized Hospitals 2024.' Newsweek, 20 November 2023, url: https://www.newsweek.com/rankings/worlds-best-specialized-hospitals-2024

Wagle, N. etc. (2020). "Dissecting therapeutic resistance to RAF inhibition in melanoma by tumor genomic profiling". *J Clin Oncol,* 29 (22), 3085~3096.

de Bono, J. etc. (2020). "Olaparib for Metastatic Castration-Resistant Prostate Cancer". *The New England Journal of Medicine*, 382 (22), 2091~2102

Sweeney, C. etc. (2021). "Ipatasertib plus abiraterone and prednisolone in metastatic castration-resistant prostate cancer (IPATential150): a multicentre, randomised, double-blind, phase 3 trial". *Lancet*, 10, 398(10295), 131~142

'Cale Illinois College of Medicine.' 20 November 2023, url: https://medicine.illinois.edu/about/mission-vision

'The Nobel Prize in Physiology or Medicine 1985.' The Nobel Prize, 20 November 2023, url: https://www.nobelprize.org/prizes/medicine/1985/summary/

'The Nobel Prize in Physiology or Medicine 2012.' The Nobel Prize, 20 November 2023, url: https://www.nobelprize.org/prizes/medicine/2012/summary/

Bratslavsky, G. etc. (2007). "Pseudohypoxic pathways in renal cell carcinoma". *Clin*

Cancer Res, 15, 13 (16), 4667~4671

'The Nobel Prize in Physiology or Medicine 2019.' The Nobel Prize, 20 November 2023, url: https://www.nobelprize.org/prizes/medicine/2019/summary/

Schweitzer, J.S. etc. (2020). "iPSC-Derived Dopamine Progenitor Cells for Parkinson's Disease". *The New England Journal of Medicine*, 382 (20), 1926~1932

'The Nobel Prize in Chemistry 2012.' The Nobel Prize, 20 November 2023, url: https://www.nobelprize.org/prizes/chemistry/2012/summary/

Kang, M. etc. (2014). "Differentiation of human pluripotent stem cells into nephron progenitor cells in a serum and feeder free system". *PLoS One*, 9 (4), e94888

Takasato, M. etc. (2015). "Kidney organoids from human iPS cells contain multiple lineages and model human nephrogenesis". *Nature*, 526 (7574), 564~568

Gripp, K.W. etc. (2019). "Costello syndrome: Clinical phenotype, genotype, and management guidelines". *Am J Med Genet A*, 179 (9), 1725~1744

Choi, J.B. etc. (2021). "Dysregulated ECM remodeling proteins lead to aberrant osteogenesis of Costello syndrome iPSCs". *Stem Cell Reports*, 16 (8), 1985~1998

Schaeffer, Edward M. etc. (2023). "Prostate Cancer, Version 4.2023, NCCN Clinical Practice Guidelines in Oncology". *J Natl Compr Canc Netw*, 21 (10), 1067~1096

Porta, C. etc. (2019). "Immune-based combination therapy for metastatic kidney cancer". *Nature Review Nephrology*, 15 (6), 324~325

Motzer, R.J. etc. (2015). "Nivolumab versus Everolimus in Advanced Renal-Cell Carcinoma". *The New England Journal of Medicine*, 373 (19), 1803~1813

Motzer, R.J. etc. (2018). "Nivolumab plus Ipilimumab versus Sunitinib in Advanced Renal-Cell Carcinoma". *The New England Journal of Medicine*, 378 (14), 1277~1290

Lee, S.J. etc. (2021). "STING activation normalizes the intraperitoneal vascular-immune microenvironment and suppresses peritoneal carcinomatosis of colon cancer". *J Immunother Cancer*, 9 (6), e002195

Lee, Y.S. etc. (2020). "Oncolytic vaccinia virus reinvigorates peritoneal immunity and cooperates with immune checkpoint inhibitor to suppress peritoneal carcinomatosis in colon cancer". *J Immunother Cancer*, 8 (2), e000857

Saw, P.E. etc. (2021). "Extra-domain B of fibronectin as an alternative target for drug delivery and a cancer diagnostic and prognostic biomarker for malignant glioma". *Theranostics*, 11 (2), 941~957

박도영, 〈"AI 신약 발굴이 아닌 AI 신약 개발" 혈액종양내과 전문의가 세운 온코크로스가 다른 회사와 다른 점은〉, 《메디게이트》, 2021년 2월 11일 자

Quintás-Cardama, A. etc. (2007). "Flying under the radar: the new wave of BCR-ABL inhibitors". *Nat Rev Drug Discov*, 6 (10), 834~848

R&D진흥본부 R&D기획단, 《보건의료 R&D 동향》, vol.13, 한국보건산업진흥원, 2015

Clayton M., M. Christensen. (2008). *The Innovator's Prescription: A Disruptive Solution for Health Care*. McGraw Hill.

National Research Council (US) Committee on A Framework for Developing a New Taxonomy of Disease. (2011). *Toward Precision Medicine: Building a Knowledge Network for Biomedical Research and a New Taxonomy of Disease*. National Academies Press

Prat, A. etc. (2011). "Practical implications of gene-expression-based assays for breast oncologists". *Nat Rev Clin Oncol*, 9 (1), 48~57

류영수, 〈2021년도 예비타당성조사 보고서 국가 통합 바이오 빅데이터 구축 사업〉, 한국과학기술기획평가원, 2022

김태일, 〈클리노믹스, 세계 최고 정밀도 조기 심근경색 지표 개발 성공〉, 《팜뉴스》, 2022년 11월 7일 자

최윤지 외, 〈정밀의료 기반 암 진단·치료법 개발(K-MASTER) 사업단〉, 《대한내과학회지》, vol.94, no.3, 통권 688호, 2019, pp. 246~251

문성호, 〈K-MASTER 사업단 종료… 1만명 암 유전자 자료 남겨〉, 《메디칼타임즈》, 2021년 11월 15일 자

Feldman, A.M. (2015). "Bench-to-Bedside: Clinical and Translational Research: Personalized Medicine: Precision Medicine-What's in a Name?" *Clin Transl Sci.*,

8 (3), 171~173

Braun, D.A. etc. (2020). "Interplay of somatic alterations and immune infiltration modulates response to PD-1 blockade in advanced clear cell renal cell carcinoma". *Nat Med.*, 26 (6), 909~918

Motzer, R.J. etc. (2007). "Sunitinib versus interferon alfa in metastatic renal-cell carcinoma". *The New England Journal of Medicine*, 356 (2), 115~124

Alesini, D. etc. (2015). "Clinical experience with everolimus in the second-line treatment of advanced renal cell carcinoma". *Ther Adv Urol.*, 7 (5), 286~294

Ghosh, C. etc. (2021). "A snapshot of the PD-1/PD-L1 pathway". *J Cancer*, 12 (9), 2735~2746

Raimondi, A. etc. (2020). "Predictive Biomarkers of Response to Immunotherapy in Metastatic Renal Cell Cancer". *Front Oncol.*, 10, 1644

Subramanian, A. etc. (2005). "Gene set enrichment analysis: a knowledge-based approach for interpreting genome-wide expression profiles". *Proc Natl Acad Sci U S A*, 102 (43), 15545~15550

Shalek, A.K. etc. (2017). "Single-cell analyses to tailor treatments". *Sci Transl Med.*, 9 (408), eaan4730

박봉수, 〈Human Cell Atlas (HCA) 프로젝트의 연구동향〉, 《BRIC View 동향리포트》, 2020

Jee, B. etc. "Molecular Subtypes Based on Genomic and Transcriptomic Features Correlate with the Responsiveness to Immune Checkpoint Inhibitors in Metastatic Clear Cell Renal Cell Carcinoma". *Cancers(Basel)*, 14 (10), 2354

'10xGENOMICS.' 20 November 2023, url: https://www.10xgenomics.com

"Method of the Year 2020: spatially resolved transcriptomics". *Nature Methods*, vol.18 (1), 1

차종관, 〈美 최악 사기범 엘리자베스 홈즈, 이달 27일 감옥행〉, 《뉴시스》, 2023년 4월 12일 자

Maia, M.C. etc. (2020). "Harnessing cell-free DNA: plasma circulating tumour DNA for liquid biopsy in genitourinary cancers". *Nat Rev Urol.*, 17 (5), 271~291

Kim, Y.J. etc. (2021). "Potential of circulating tumor DNA as a predictor of

참고 자료

therapeutic responses to immune checkpoint blockades in metastatic renal cell carcinoma". *Sci Rep.*, 11 (1), 5600

Robinson, D. etc. (2015). "Integrative clinical genomics of advanced prostate cancer". *Cell*, 161 (5), 1215~1228

비뇨기초의학연구회, 〈비뇨암 유전자 검사 가이드라인〉, 2022

Seo, E. etc. (2023). "Repression of SLC22A3 by the AR-V7/YAP1/TAZ axis in enzalutamide-resistant castration-resistant prostate cancer". *FEBS J.*, 290 (6), 1645~1662

Sato, T. etc. (2009). "Single Lgr5 stem cells build crypt-villus structures in vitro without a mesenchymal niche". *Nature*, 459 (7244), 262~265

He, G.W. etc. (2022). "Optimized human intestinal organoid model reveals interleukin-22-dependency of paneth cell formation". *Cell Stem Cell*, 29 (9), 1333~1345.e6

BCC Research Report Overview. (2022). *Laboratory animal models, 3D cultures and organoids: Global markets*

Youk, J. etc. (2020). "Three-Dimensional Human Alveolar Stem Cell Culture Models Reveal Infection Response to SARS-CoV-2". *Cell Stem Cell*, 27 (6), 905~919.e10

Vlachogiannis, G. etc. (2018). "Patient-derived organoids model treatment response of metastatic gastrointestinal cancers". *Science*, 359 (6378), 920~926

Kim, E. etc. (2020). "Creation of bladder assembloids mimicking tissue regeneration and cancer". *Nature*, 588 (7839), 664~669

Kim, H. etc. (2017). "What is Watson for Oncology?". *J Clin Otolaryngol Head Neck Surg*, 28 (2), 320~323

Jeong, S.R. etc. (2023). "Exploring Tumor-Immune Interactions in Co-Culture Models of T Cells and Tumor Organoids Derived from Patients". *Int J Mol Sci.*, 24 (19), 14609

Jeon, S.H. etc. (2023). "CEACAM1 Marks Highly Suppressive Intratumoral Regulatory T Cells for Targeted Depletion Therapy". *Clin Cancer Res.*, 29 (9), 1794~1806

권순용, 〈표적 단백질 CEACAM1 발굴로 새로운 암 면역치료법 제시〉, 《카이스

트신문》, 2023년 3월 21일 자

하경대, 〈의대교수 10명 중 9명은 '성취감' 못 느껴… 절반은 '퇴직' 충동 심각〉, 《메디게이트뉴스》, 2022년 3월 8일 자

최윤섭, 〈IBM 왓슨 포 온콜로지의 의학적 검증에 관한 고찰〉, 《Hanyang Medical Reveiws》, 2017, 49~60

김성민, 〈루닛, 가던트헬스서 300억 유치… "AI 암 치료시장 진출"〉, 《바이오스펙테이터》, 2021년 7월 19일 자

오인규, 〈루닛, 인사이트 CXR 식약처 혁신의료기기 지정〉, 《의학신문》, 2020년 9월 22일 자

이인복, 〈루닛 인사이트 MMG, 식약처 혁신의료기기 지정〉, 《메디칼타임즈》, 2021년 9월 2일 자

김혜인, 〈딥바이오, 전립선암 중증도 진단 AI 연구 발표〉, 《청년의사》, 2021년 6월 30일 자

신형주, 〈政, 의사과학자 배출 본격화… 전일제 박사과정 14명 수료〉, 《메디칼업저버》, 2023년 2월 16일 자

〈의사과학자 양성을 위한 범부처협의체 발족〉, 보건복지부 부처 보도자료, 2021년 10월 1일 자

조운, 〈정부, '바이오헬스' 국가 핵심 전략 산업으로… 대규모 투자·규제 혁신 나선다〉, 《메디게이트뉴스》, 2023년 2월 28일 자

정민준, 〈'바이오경제'에 20억달러 투자하는 미국〉, 《청년의사》, 2023년 2월 18일 자

'The Nobel Prize in Physiology or Medicine 2023.' The Nobel Prize, 20 November 2023, url: https://www.nobelprize.org/prizes/medicine/2023/summary/

그림 출처

그림 1-2 Wagle, N. etc. (2020). "Dissecting therapeutic resistance to RAF inhibition in melanoma by tumor genomic profiling". *J Clin Oncol*, 29 (22), 3085~3096

그림 3-2 Bratslavsky, G. etc. (2007). "Pseudohypoxic pathways in renal cell carcinoma". *Clin Cancer Res*, 15, 13 (16), 4667~4671

그림 3-4 Schweitzer, J.S. etc. (2020). "iPSC-Derived Dopamine Progenitor Cells for Parkinson's Disease". *The New England Journal of Medicine*, 382 (20), 1926~1932

그림 3-5 The Nobel Committee

그림 4-3 Kang, M. etc. (2014). "Differentiation of human pluripotent stem cells into nephron progenitor cells in a serum and feeder free system". *PLoS One*, 9 (4), e94888

그림 4-4 Takasato, M. etc. (2015). "Kidney organoids from human iPS cells contain multiple lineages and model human nephrogenesis". *Nature*, 526 (7574), 564~568

그림 4-5 Gripp, K.W. etc. (2019). "Costello syndrome: Clinical phenotype, genotype, and management guidelines". *Am J Med Genet A*, 179 (9), 1725~1744

그림 4-6 Choi, J.B. etc. (2021). "Dysregulated ECM remodeling proteins lead to aberrant osteogenesis of Costello syndrome iPSCs". *Stem Cell Reports*, 16 (8), 1985~1998

그림 4-7 Choi, J.B. etc. (2021). "Dysregulated ECM remodeling proteins lead to aberrant osteogenesis of Costello syndrome iPSCs". *Stem Cell Reports*, 16 (8),

1985~1998

그림 6-2 Porta, C. etc. (2019). "Immune-based combination therapy for metastatic kidney cancer". *Nature Review Nephrology*, 15 (6), 324~325

그림 7-1 Lee, S.J. etc. (2021). "STING activation normalizes the intraperitoneal vascular-immune microenvironment and suppresses peritoneal carcinomatosis of colon cancer". *J Immunother Cancer*, 9 (6), e002195

그림 7-2 Lee, Y.S. etc. (2020). "Oncolytic vaccinia virus reinvigorates peritoneal immunity and cooperates with immune checkpoint inhibitor to suppress peritoneal carcinomatosis in colon cancer". *J Immunother Cancer*, 8 (2), e000857

그림 7-3 '고려대 구로병원 신경외과 정규하 교수팀, 뇌종양 표적 나노-약물전달기술 개발.' 고려대학교의과대학우회, 2023년 11월 28일, url: http://kuma.or.kr/45/?q=YToxOntzOjEyOiJrZXl3b3JkX3R5cGUiO3M6MzoiYWxsIjt9&bmode=view&idx=6229442&t=board

그림 8-1 'What Is Precision Medicine?' HEALTH MATTERS, 28 November 2023, url: https://healthmatters.nyp.org/precision-medicine/

그림 8-2 K-MASTER 사업단

그림 11-1 Alesini, D. etc. (2015). "Clinical experience with everolimus in the second-line treatment of advanced renal cell carcinoma". *Ther Adv Urol.*, 7 (5), 286~294

그림 11-2 Ghosh, C. etc. (2021). "A snapshot of the PD-1/PD-L1 pathway". *J Cancer*, 12 (9), 2735~2746

그림 11-3 Raimondi, A. etc. (2020). "Predictive Biomarkers of Response to Immunotherapy in Metastatic Renal Cell Cancer". *Front Oncol.*, 10, 1644

그림 11-4 Subramanian, A. etc. (2005). "Gene set enrichment analysis: a knowledge-based approach for interpreting genome-wide expression profiles". *Proc Natl Acad Sci U S A*, 102 (43), 15545~15550

그림 12-1 Shalek, A.K. etc. (2017). "Single-cell analyses to tailor treatments". *Sci Transl Med.*, 9 (408), eaan4730

그림 12-5 Jee, B. etc. "Molecular Subtypes Based on Genomic and Transcriptomic Features Correlate with the Responsiveness to Immune Checkpoint Inhibitors in Metastatic Clear Cell Renal Cell Carcinoma". *Cancers(Basel)*, 14 (10), 2354

그림 12-8 Maia, M.C. etc. (2020). "Harnessing cell-free DNA: plasma circulating tumour DNA for liquid biopsy in genitourinary cancers". *Nat Rev Urol.*, 17 (5), 271~291

그림 14-1 Sato, T. etc. (2009). "Single Lgr5 stem cells build crypt-villus structures in vitro without a mesenchymal niche". *Nature*, 459 (7244), 262~265

그림 14-2 He, G.W. etc. (2022). "Optimized human intestinal organoid model reveals interleukin-22-dependency of paneth cell formation". *Cell Stem Cell*, 29 (9), 1333~1345.e6

그림 14-3 Kim, E. etc. (2020). "Creation of bladder assembloids mimicking tissue regeneration and cancer". *Nature*, 588 (7839), 664~669

그림 14-5 Park, S.H. etc. (2023). "CEACAM1 Marks Highly Suppressive Intratumoral Regulatory T Cells for Targeted Depletion Therapy." *Clinical Cancer Research*, 29 (9), 1794~1806

과학하는 의사들

초판 1쇄 인쇄 2023년 12월 8일
초판 1쇄 발행 2023년 12월 12일

지은이 강민용
펴낸이 이승현

출판2 본부장 박태근
지적인 독자 팀장 송두나
편집 김예지
교정교열 장미향
디자인 윤정아
본문 디자인 양보은

펴낸곳 ㈜위즈덤하우스   **출판등록** 2000년 5월 23일 제13-1071호
주소 서울특별시 마포구 양화로 19 합정오피스빌딩 17층
전화 02) 2179-5600   **홈페이지** www.wisdomhouse.co.kr

ISBN 979-11-7171-084-3 03470